新疆农业职业技术学院现代学徒制试点学徒岗位教材

# 果树生产学徒岗位手册

张金枝　张振军　主编

中国农业大学出版社
·北京·

# 内 容 简 介

　　果树生产技术是高等职业教育农林类园艺技术学徒培养的一门重要的专业课程。本书以高等职业教育学徒培养的要求进行定位，以培养可独立承担行业内具体工作的实用型人才为目标，在内容的选择和组织上以工作过程形式编排，以工作任务为载体，并附以对应的业务知识、业务经验和案例分析，将职业素质的培养贯穿在学徒培养的全过程。本书适合作为高等职业教育农林、园艺类专业相关课程教材，也可供果树生产、果树栽培、设施园艺等行业相关从业人员参考。

**图书在版编目（CIP）数据**

　　果树生产学徒岗位手册/张金枝，张振军主编 .—北京：中国农业大学出版社，2020. 6

　　ISBN 978-7-5655-2354-0

　　Ⅰ.①果…　Ⅱ.①张…　②张…　Ⅲ.①果树园艺－高等职业教育－教学参考资料　Ⅳ.①S66

　　中国版本图书馆 CIP 数据核字（2020）第 090959 号

| | |
|---|---|
| 书　　名 | 果树生产学徒岗位手册 |
| 作　　者 | 张金枝　张振军　主编 |

| | | | |
|---|---|---|---|
| 策划编辑 | 张　玉 | 责任编辑 | 张　玉　郭建鑫 |
| 封面设计 | 郑　川 | | |
| 出版发行 | 中国农业大学出版社 | | |
| 社　　址 | 北京市海淀区圆明园西路 2 号 | 邮政编码 | 100193 |
| 电　　话 | 发行部 010-62733489，1190 | 读者服务部 010-62732336 | |
| | 编辑部 010-62732617，2618 | 出　版　部 010-62733440 | |
| 网　　址 | http://www.caupress.cn | E-mail cbsszs@cau.edu.cn | |
| 经　　销 | 新华书店 | | |
| 印　　刷 | 涿州市星河印刷有限公司 | | |
| 版　　次 | 2020 年 8 月第 1 版　2020 年 8 月第 1 次印刷 | | |
| 规　　格 | 787×1 092　16 开本　14 印张　280 千字 | | |
| 定　　价 | 42.00 元 | | |

# 编 写 人 员

**主　编**　张金枝（新疆农业职业技术学院）

　　　　张振军（阿克苏地区林业技术推广服务中心）

**副主编**　戴志新（新疆农业职业技术学院）

　　　　李秀霞（新疆农业职业技术学院）

**参　编**　张　杰（乌鲁木齐市新市区北方园艺场）

**主　审**　王海波（新疆农业职业技术学院）

　　　　史　梅（新疆农业职业技术学院）

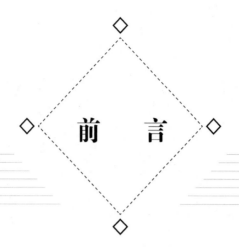

# 前　言

　　果树生产技术是高职农林类园艺技术专业学徒培养的一门重要专业课程。本手册根据高等职业教育学徒培养的要求进行定位，以培养可独立承担行业内具体工作的实用型人才为目标进行编写。

　　该手册紧跟高职现代学徒制培养模式改革的步伐，努力满足增强学生职业能力的需求。在内容的选择和组织上以工作过程形式编排、以工作任务为载体，将工作程序与方法要求单独提炼出来，并附以对应的业务知识、业务经验和案例分析，每一部分都有工作记录单，行业内的典型人物介绍是本书的特色内容之一。将职业素质的培养贯穿在学徒培养的全过程是现代学徒培养的一个重要特点，使学徒的学习既有明确的知识目标，又有针对性的技能目标和素质目标；既将理论知识和实践有机结合，又提高了学徒解决实际问题的能力，从而综合提高学徒的职业素质。

　　本教材共三部分。第一部分步入企业，共 2 个入职培训专题，由张金枝编写；第二部分认识岗位，共 4 个入职培训专题，由张杰、张金枝编写；第三部分学徒工作学习任务共 4 个项目：项目一由张振军、张金枝编写，项目二、项目三由戴志新、张杰编写，项目四由李秀霞、张金枝编写；张金枝负责统稿。

　　教材编写中参考了很多相关文献资料，在此向有关作者表示由衷的感谢。

　　在教材编写过程中，编者做出了较大努力，但由于编者水平有限，书中难免仍有不妥之处，敬请广大读者提出宝贵意见，以便再版时修改完善。

编　者

2019 年 5 月

# 目　录

**1　第一部分**

**步入企业**

入职培训专题 1　我国林果业发展机遇与挑战 / 3

第一节　我国林果业的发展与地位 / 3

第二节　世界范围内我国林果业发展的机遇与挑战 / 4

入职培训专题 2　林果企业管理文化 / 7

第一节　林果公司的组织构架 / 7

第二节　我国林果公司的经营模式 / 10

第三节　林果公司的管理文化 / 11

**15　第二部分**

**认识岗位**

入职培训专题 1　认识学徒业务岗位 / 17

入职培训专题 2　岗位工作技术设备与安全生产 / 18

入职培训专题 3　岗位业务能力要求和培养目标 / 20

入职培训专题 4　制订学徒培养计划 / 22

**29** 第三部分

学徒工作学习任务

项目一 苹果生产技术 / 31

    任务1 生产计划 / 44

    任务2 萌芽前的管理 / 50

    任务3 萌芽开花期管理 / 54

    任务4 新梢生长与坐果期的管理 / 58

    任务5 果实膨大期至果实成熟期的管理 / 61

    任务6 采收后至落叶休眠期的管理 / 66

项目二 葡萄生产技术 / 71

    任务1 生产计划 / 78

    任务2 萌芽前的管理 / 87

    任务3 萌芽期和新梢生长期的管理 / 92

    任务4 开花期的管理 / 96

    任务5 果实膨大期的管理 / 99

    任务6 浆果成熟与采收期的管理 / 102

    任务7 新梢成熟及落叶期的管理 / 106

    任务8 休眠期的管理 / 109

项目三 桃树生产技术 / 114

    任务1 生产计划 / 120

    任务2 休眠期的管理 / 124

    任务3 萌芽和开花期的管理 / 129

    任务4 幼果发育及新梢生长期的管理 / 133

    任务5 果实膨大期的管理 / 136

    任务6 果实成熟与采收期的管理 / 140

    任务7 采收后的管理 / 144

项目四　红枣生产技术 / 149

　　任务1　生产计划 / 155

　　任务2　萌芽前的管理 / 161

　　任务3　萌芽期和新梢生长期的管理 / 168

　　任务4　开花坐果期的管理 / 173

　　任务5　果实膨大期、果实成熟与采收期的管理 / 177

　　任务6　落叶期和休眠期管理 / 181


186 | 参考文献


187 | 附录

　　附录1　果树生产岗位标准 / 189

　　附录2　果树生产岗位学徒课程标准 / 195

　　附录3　果树生产岗位学徒师傅聘任标准与教学指导工作规范 / 205

　　附录4　果树生产岗位学徒选拔与学习守则 / 207

第一部分

步入企业

# 入职培训专题 1
## 我国林果业发展机遇与挑战

### 第一节　我国林果业的发展与地位

#### 一、中国林果业发展概况

林果业历史悠久，但分布较少，最初仅作为农业的附属部门，具有自给性生长的性质。自 19 世纪后期，随着农业生产力的高度发展和农业生产地域分工的加强，林果业逐渐成为一个独立的种植业部门而得到迅速发展。除经济发达国家外，第三世界的一些国家也纷纷兴建以林果为对象的种植园。20 世纪 60 年代以来，林果业成为创汇农业的重要组成部分。

林果业的起源可追溯到农业发展的早期阶段。据考古发掘证明，人类在石器时代已开始栽培棕枣、无花果、油橄榄、葡萄。埃及文明极盛时期，林果生产也趋发达，如香蕉、柠檬、石榴等都有栽培。古罗马时期的农业著作中已提到果树嫁接和水果贮藏等。贵族庄园栽有各种果树如苹果、梨、无花果、石榴等。中世纪林果业曾一度衰落。文艺复兴时期，林果生产在意大利再次兴起并传至欧洲各地。新大陆被发现后，那里的菠萝、油梨、腰果、长山核桃等果树被广泛引种。之后贸易和交通又进一步刺激了林果业的发展。

中国夏商时期农艺业和园艺业尚无明显分工。中国周代园圃开始作为独立经营部门出现，当时园圃内种植的作物已有蔬菜、瓜果和经济林木等。战国时期著作中有栽种桃、枣、李等果树的记述。秦汉时期林果业有很大发展，由于东西方交往增多，一些果树如桃、杏等被传至西方，同时也从外国引进了葡萄、石榴、核桃等。南北朝时期在果树的繁殖和栽培技术上有不少创造发明。明、清时期海运大开，银杏、枇杷、柑橘等先后传向国外，同时也从国外引进了更多的果树品种。总体而言，我国历代在果树繁殖和栽培技术、品种的培育上，以及与各国进行广泛交流等方面卓有成就。

20世纪以后，林果生产日益向企业经营发展，果品越来越成为人们完善饮食营养，美化、净化环境的必需品。果树中的葡萄、柑橘、香蕉、苹果、椰子、菠萝等在国际贸易中的比重也不断提高。

## 二、林果业在农业生产中的重要地位

先进的果树生产技术可以使果树生产出又好又多的果品来，进而取得较高的经济效益、生态效益和社会效益，在农业和国民经济中具有重要作用。

### 1. 林果业是农业的重要组成部分

农业是国民经济的基础，而林果业是农业的重要组成部分。首先，随着农村产业结构的调整和农产品市场的进一步放开，果树生产已在农村经济结构中占据重要地位。其次，果树生产在我国食品工业中具有不可替代的地位和作用。如果酒、果汁、果茶、果冻、果脯、果干、果品罐头等加工业，均以果树生产作为基础和原料供应基地。最后，林果业作为技术劳动密集型产业，具有很强的国际市场竞争力，是农产品出口换汇的重要来源，在我国外贸经济中具有特殊地位。

### 2. 果品是人们生活的必需品

果品富含人体必需的脂肪、蛋白质、糖类、矿物质、维生素和食物纤维等六大类营养素。不同种类果品的营养成分各有特色，如核桃的脂肪含量为63%，杏仁的蛋白质含量为23%～25%，干枣的含糖量为50%～87%，板栗干物质的淀粉含量为50%～65%，鲜枣的维生素C含量为540 mg/100 g，山楂的钙含量为85 mg/100 g，核桃的磷含量为329 mg/100 g。

### 3. 果树具有生态环境效益

果树具有较强的环境适应性，既可绿化荒山、保持水土，改善我国众多丘陵山区的生态环境和农民生活条件，又可充分利用土地，发展农村及城郊的生态农业，还可美化环境、净化空气。

### 4. 林果业的社会功能

林果业的社会功能包括果园的观光旅游功能、教育培训功能、心理健康调节功能等，是人类亲近自然的重要途径之一，果树产业在吸纳富余劳动力等方面也具有一定的作用。

## 第二节　世界范围内我国林果业发展的机遇与挑战

### 一、世界林果业发展趋势

欧洲、美洲、大洋洲等地区发达国家的果树生产与发展中国家相比具有不同的特点。发达国家往往具有数百年的果树生产和贸易历史，其果树良种化程度高，普遍采用了矮化砧木栽培（苹果），目前全世界种植的水果良种多数由这些国家育成并逐步推广至世界各地，典型的如中国广泛种植的苹果品种富士、新红星、嘎啦，砧木品种M9、M26；葡萄品种红地球、巨峰，以及大多数酿酒葡萄品种；猕猴桃品种海沃德等。发达国家的生产组织化程度高，生产规模大，部分劳动过程如修剪、喷药基本实现机械化，人均劳动生产率高。果品采后商品化处理较好，一般在果园内均有完备的选果、清洗、分级、包装场地和设备，有必要的运输工具。可在果品采收处理包装后立即运至储藏库，再根据市场需要分别送到市场，真正实现了商品化生产。此外，果品加工是发达国家果树生产持续发展的动力，其果品加工率达45％以上，如葡萄产量的80％以上用于酿酒而非鲜食，著名的葡萄酒品牌主要分布在法国、意大利、西班牙、德国等西欧国家；还有巴西、美国的橙汁加工与销售等。以上特点，使得美国、法国、意大利、西班牙、巴西、新西兰、智利等成为柑橘、苹果、猕猴桃、鲜葡萄、葡萄酒、柑橘汁等产品主要的生产和出口国。

发展中国家的水果生产主要以小农户方式经营。由于人口众多，人均土地面积有限，单个生产单位规模不大，产业化程度较低。

## 二、我国林果业发展现状

我国一直都是水果种植和水果消费大国，行业规模极为庞大，林果业已成为继粮食种植、蔬菜种植之后的第三大农业种植产业，果园总面积和水果总产量常年稳居全球首位。2018 年我国果园面积已达到 11 284 khm² （图 1-1-1）。《2020—2026 年中国水果行业市场运营格局及投资策略探讨报告》数据显示，2018 年我国水果产量达 2.57 亿 t，居全球第一（图 1-1-2）。

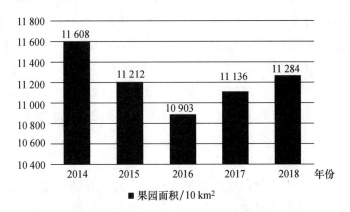

图 1-1-1　2014—2018 年我国果园面积规模

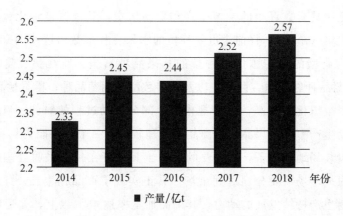

**图 1-1-2    2014—2018 年我国水果产量**

# 三、水果生产发展趋势

（一）　安全化生产趋势

采用绿色生产，实现农业的可持续发展已成为各国农业政策的优先选择，目前有机农业生产制度、IPM 制度（病虫害综合管理制度）、IFP 制度（果产品综合管理制度）等以生产绿色果品为目标的生产制度在发达国家广泛应用。发展中国家也在安全生产方面制定和执行了一系列标准和操作技术规程。

（二）　区域化生产趋势

世界果品主产国都利用各自的土地、气候、资金、技术、人力等优势发展生产。

（三）　产业化生产趋势

发达国家已经实现产业化生产，规模不断扩大。例如，巴西在 10 年间，柑橘种植场（企业）由 2.9 万个合并扩大规模而减少为 1.4 万个，使加工原料成本降低，提高了竞争力，同时，柑橘加工企业也减少到 15 家，2 000 万 t 产量中用于加工的 1 600 万 t，主要由 6 家企业完成，足见其规模之大，效益之高。

（四）　省力化栽培趋势

世界果品主产国的果树栽培正朝着省力、低成本的方向发展。法国、意大利在苹果上均实行"高纺锤形"的简化修剪方式。日本是最讲究苹果、柑橘整形修剪的，中国先后从日本引进了多种整形方式。

（五）　方便消费的趋势

鲜果和加工制品的消费量都在稳步增加，但今后果汁消费增长会更快。苹果汁、橙汁的消费目前主要是发达国家较多，由于各种果汁营养丰富，色、香、味兼优，消费方便，其在发展中国家的需求量也在不断增加。

# 入职培训专题 2
## 林果企业管理文化

### 第一节 林果公司的组织构架

以某林果公司为例，其公司组织构架如图 1-2-1 所示。

图 1-2-1 林果公司组织架构

## 一、生产副总经理的任职及职责

根据公司管理业务，通常由 2～3 人承担，负责不同部门的管理工作。

任职条件：能吃苦耐劳，有 5 年以上的果园生产管理经验，熟悉果园生产管理，园艺相关专业毕业。

岗位职责：

（1）在公司领导下组织完成生产任务，协调园区各部门开展工作，根据果园生产实际需要，合理安排日常工作，并监督、督促工作的实施。对包括安全生产、生产质量管理、技术管理、新品开发、园区建设、育苗、园区的日常管理等工作统抓共管。组织园区做好全年工作规划与详细工作实施计划，汇总并上报公司备案，并按计划组织实施，落实相关生产任务。

（2）组织做好生产物资的进出库登记、物资申请、物资发放、物资正确合理使用、库存盘点等工作。

（3）组织安全使用机械，做好机械管理和维护。

（4）负责做好基础数据的存档和统计工作，为公司运营提供可靠依据。

（5）负责合理安排本部门员工、承包户的培训，不断提高管理及技术水平。

（6）组织实施各项实验和测验工作，充分发挥果园土地使用价值。

（7）负责园区环境及安全管理，做好果园的安全工作，组织安全管理学习，保证安全生产。

（8）根据生产需要，合理组织安排生产人员的用工，全面掌握员工的工作状态，组织对员工的日常工作考核。

（9）定期组织管理人员例会，总结工作进展情况，公布工作部署，提高工作效率（根据实际情况每月最少要组织两次例会）。适时组织固定员工参加职工大会，总结上月果园工作情况，公布下月工作安排，加强思想教育，提高集体意识，学习科学管理方法，提高工作效率并做好会议记录。

（10）及时有效地处理果园突发事件，并及时上报公司。

（11）根据工作实际需要，出台管理及用工的奖惩制度，以提高员工工作积极性和主动性。

（12）掌握并汇总生产进度、人员用工、财政支出等情况，负责劳动力、农资、机械设备、能源、资金等五大定额的管理，组织和把关园区生产管理成本，农资、机械费用，人工费，管理费等各项费用的核算工作，控制成本。

（13）严格贯彻执行公司的各项规章制度，做好上级领导交代的其他各项工作。

## 二、果树生产技术员

根据果园面积配备技术员，一般每 50 亩（1 亩≈667 m²）配备 1 名技术员，主要负责果园的技术实施、生产指导、生产资料发放等工作。

任职条件：具备 3 年以上的果园生产经验，熟悉果园生产流程及重点注意事项，能做果树修剪、施肥、花果管理等相关工作，园艺相关专业毕业。

岗位职责：

（1）熟悉果园管理技术规范标准，对果园生产中存在的问题做好详细记录，并能按照果园实际情况指导生产。

（2）按期做好工作计划，做好果园管理中人员、农资、机械、设备的计划、申请、使用及维护。

（3）对于果树有关作业，要实时跟进，严格把关。在果树拉枝、抹芽、剪枝等一系列工作操作过程中，发现实施有不到位的地方，要予以指出并现场做好示范，随时与果园负责人（生产副经理）及工作员工协调、沟通，提高工作质量及效率，确保分管工作按进度要求完成。

（4）指导工人按技术质量安全标准操作，纠正破坏环境、不安全生产的行为。

（5）认真详细填写生产管理记录单，对主要操作方法、管理措施及时记录存档。

（6）根据工作需求，及时做好人工使用计划、工作记录，及时进行雇用工人费用的计划、核算、核对及上报工作。

（7）熟悉常用生产机械、工具的使用和维护。

（8）能熟练掌握果园果树的种植及各种生产技术，并能根据果园实际情况，熟练、灵活应用各项技术。

（9）能熟练操作各种喷药设备，熟悉常规病虫害的症状，熟悉常规杀虫剂、杀菌剂、除草剂的使用要求和使用方法。

（10）完成领导交办的其他事务。

## 三、库管员

每个园区需要库管员1人，负责园区库房及材料的管理，其岗位职责如下：

（1）熟悉常用物资的品种、规格、用途和性能、验收标准、规范及存放要求。

（2）建好库存、进出库台账，做到账、卡、物相符，妥善保管原始账据。

（3）负责库房材料的防火、防盗工作，掌握基本防火知识及技能，及时采取措施，消除各种安全隐患，做好材料的堆放、防潮工作。

（4）负责材料的验收、保管、建档等工作。

（5）严格按材料发放制度进行材料的发放，对违反公司领料制度、超量领用材料等有权拒绝发料，并及时向上级主管汇报。

（6）负责对库房各种物资进行定期盘点，对项目部的材料进行库存核对，注明库存量。

（7）正确填写材料报表，按材料消耗定额控制材料合理使用。

（8）负责做好余料的回收工作。

（9）完成生产经理交办的其他任务。

### 四、采购员

根据公司基地情况，采购员可由办公室人员或技术员兼任，其岗位职责如下：

（1）及时了解农资材料供应市场价格变化及产品品质情况，熟知绿色果品生产农资选购要求，选择农资时要符合公司果品生产要求。熟悉各种农资的供应渠道，做到供需心中有数。

（2）调查研究各部门农资需求及消耗情况，或根据生产部技术负责人申请，核实农资需求，审核农资采购计划，报经理批准后组织实施。

（3）严格控制采购成本，保证产品质量和供货商的合法性，确保公司农资的正常采购。

（4）在接到采购计划后，明确相关要求，及时询价并掌握库存情况，确定价格，报经理批准后进行采购。

（5）采购材料到达后立即和库管员、技术员办理入库验收，并完善相关手续。对购进的不符合要求的材料，要立即解决，杜绝用在生产中。

（6）完成领导交办的其他任务。

### 五、生产工人

根据生产任务量及需求，生产工人可临时雇用。

## 第二节　我国林果公司的经营模式

由于我国地区发展不平衡，林果产业化组织模式也呈现出多样化的局面，主要的组织模式有"公司＋农户"模式、"专业市场＋农户"模式、"科技组织＋农户"模式、"合作经济组织＋农户"模式、"示范园＋农户"模式等。

我国林果公司积极推进"公司＋基地＋农户"经营管理模式，与农户签订种植合同，向联营基地免费提供种植技术，有力地带动了广大农民脱贫致富，受到农民朋友的赞誉。

### 一、建立基地

（一）果树生产基地建设项目的确定

林果企业根据当地农业发展规划，广泛开展调研，确定果树生产项目，进行生产基地项目可行性研究，形成某种果树生产基地项目可行性研究报告、基地建设规划设计及项目实施方案，进行专家论证，通过申报、论证、修改、审批等一系列手续，确定建设果树生产基地。

（二）建设果树生产基地

林果公司通过已经建立的各种业务渠道、信息网络、公开信息和客户关系等，组

织开展生产基地建设任务，进行基础设施建设、购置苗木、栽植及前期管理工作等。

## 二、签订种植合同

林果公司根据生产需要，结合当地生产技术力量，与当地农民商洽种植意向，编制种植合同，并与农户签订种植合同，企业也可以向周边果树生产户提出联营生产的意向，签订相关的联营合同。

## 三、标准化生产经营

林果企业制定标准化生产规程，安排技术员，为农户或联营基地农户提供种苗、技术和产品销售服务，农户按照合同要求及标准化生产规程进行产品生产和销售。

# 第三节　林果公司的管理文化

林果公司常见的请销假流程、采购流程、报销流程如图 1-2-2、图 1-2-3、图 1-2-4 所示。以下为某林果公司管理制度实例。

为加强公司的规范化管理，完善各项工作制度，促进公司发展壮大，提高经济效益，根据国家有关法律、法规及公司章程的规定，特制定本公司管理制度。

一、公司全体员工必须遵守公司章程，遵守公司的各项规章制度和决定。

二、公司倡导树立"一盘棋"思想，禁止任何部门、个人做有损公司利益、形象、声誉或破坏公司发展的事情。

三、公司通过发挥全体员工的积极性、创造性和提高全体员工的技术、管理、经营水平，不断完善公司的经营、管理体系，实行多种形式的责任制，不断壮大公司实力和提高经济效益。

四、公司提倡全体员工刻苦学习科学技术和文化知识，为员工提供外出学习、考察的条件和机会，要强化员工自身业务学习，努力提高员工的整体素质和水平，

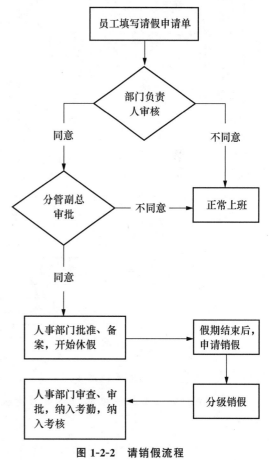

图 1-2-2　请销假流程

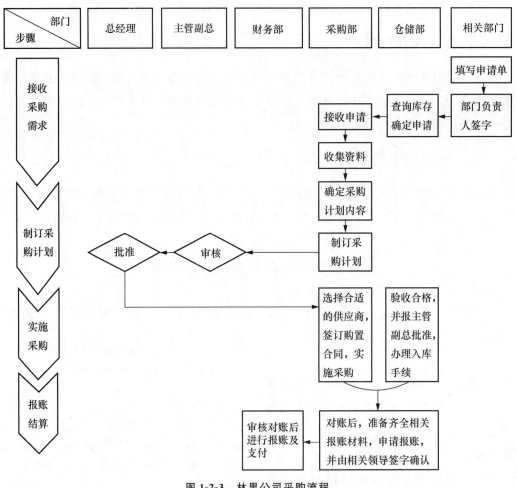

图 1-2-3　林果公司采购流程

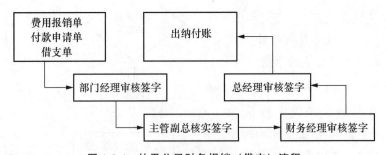

图 1-2-4　林果公司财务报销（借支）流程

造就一支思想新、作风硬、业务强、技术精的林果公司员工队伍。

　　五、公司鼓励员工积极参与公司的决策和管理，鼓励员工发挥才智，提出合理化建议。

　　六、公司实行"岗薪制"的分配制度，为员工提供收入和福利保证，并随着经济效益的提高逐步提高员工各方面待遇；公司为员工提供平等的竞争环境和晋升机会；公司推行岗位责任制，实行考勤、考核制度，评先树优，对做出贡献者予以表彰、奖励。

七、公司提倡求真务实的工作作风，提高工作效率；提倡厉行节约，反对铺张浪费；倡导员工团结互助，同舟共济，发扬集体合作和集体创造精神，增强团体的凝聚力和向心力。

八、员工必须维护公司纪律，对任何违反公司章程和各项规章制度的行为，都要予以追究。

第二部分

认识岗位

# 入职培训专题 1
## 认识学徒业务岗位

新疆是我国果树生产的优势区域，果树生产企业均以"企业＋农户"或自我生产等方式开展果品生产业务。果树生产岗位负责制订公司生产管理计划、员工或种植户培训、提供自果树萌芽期至果树休眠期全程技术指导、监督和质量保证（其中，果树整形修剪、果树土肥水管理，以及了解果树品种特性并采取各种措施做好花果管理等为关键核心技术），并确保企业或种植户获得预期产量和产值。果树生产管理者不仅要具备相关专业知识和日常生产问题处理能力，还需具备在农村工作并与相关人员良好沟通的能力、技术措施落实管理执行力、忍耐艰苦生产环境的吃苦耐劳精神和一丝不苟的质量管理态度。

（1）果树生产岗位标准（详见附录1）。

（2）果树生产岗位学徒课程标准（详见附录2）。

（3）果树生产岗位学徒师傅聘任标准与教学指导工作规范（详见附录3）。

（4）果树生产岗位学徒选拔与学习守则（详见附录4）。

# 入职培训专题2
## 岗位工作技术设备与安全生产

### 一、岗位工作技术设备

根据果园规模的不同，常用的机械设备包括：果园施肥开沟机、拖拉机、旋耕机、割草机、植保机械（风送式喷雾机）、修枝剪、嫁接刀、环割刀、油锯、灌溉设备、果品分级清选机、检测工具等。

### 二、果树生产学徒岗位安全生产要求

（一）业务安全

1. 务必保管好公司涉密文件。

2. 未经授权或批准，不得对外提供含有公司机密的文件或其他未公开的经营状况、财务数据等。

3. 对非本人职权范围内的公司机密，应做到不打听、不猜测、不传播。

4. 发现有可能泄密的现象应立即向有关上级报告。

5. 学徒在企业期间不得将单位的任何保密资料进行转存携带。

6. 学徒在企业期间不得私自将实习单位的内部资料以任何方式透露给他人。

（二）技术设备使用安全

1. 在使用技术设备之前，必须认真阅读技术设备使用说明书，牢记正确的操作和作业方法。

2. 充分理解警告标签，经常保持标签整洁，如有破损、遗失，必须重新订购并粘贴。

3. 技术设备使用人员必须经专门培训，取得驾驶操作证后，方可使用农业机械。

4. 严禁身体感觉不适、疲劳、睡眠不足、酒后、孕妇、色盲、精神不正常及未满

18 岁的人员操作机械。

5. 驾驶员、农机操作者应穿着符合劳动保护要求的服装，禁止穿凉鞋、拖鞋，禁止穿宽松或袖口不能扣上的衣服，以免被旋转部件缠绕，造成伤害。

6. 除驾驶员外严禁搭乘他人，座位必须固定牢靠。农机具上没有座位的位置严禁坐人。

7. 在作业、检查和维修时不要让儿童靠近机器，以免造成危险。

8. 不得擅自改装技术设备，以免造成机器性能降低、机器损坏或人身伤害。

9. 不得随意调整液压系统安全阀的开启压力。

10. 相关设备不得超载、超负荷使用，以免机件过载，造成损坏。

（三） 自身安全

1. 学徒在校或在学徒企业期间不论有无驾照均不允许驾驶机动车辆。

2. 上下班期间严格遵守交通规则，避免发生人身意外。

3. 在工作场所戴好防护用具，注意个人及他人安全。

4. 晚上 8 点后不单独外出。坚决杜绝夜不归宿，有一次夜不归宿立刻终止学徒阶段，并按照学院管理规定处理。

5. 学徒在企业期间做好水、电、暖安全，上班前、睡觉前检查宿舍水电，确保安全。

6. 做好防火工作，不使用大功率电器。

# 入职培训专题 3
## 岗位业务能力要求和培养目标

### 一、岗位知识要求

1. 了解企业果品生产概况，掌握标准化果园主栽果树品种特点、生长结果习性、生长发育规律及生产管理的基本知识。

2. 了解标准化果园生态环境，掌握果园土壤改良，果树需肥、需水规律，肥料性能及施肥灌水的基本方法。

3. 熟知果树质量标准及生产要求，掌握果树树体调控、果品品质控制的基础知识。

4. 掌握果树常见病虫害在当地的发生规律、防治方法、安全生产、常用药剂的基础知识。

5. 掌握现代化果园常用机械的性能及操作知识。

6. 掌握当地灾害性气候的特点及对果树影响的基础知识，掌握防御灾害性气候，减少其对果树影响的方法。

### 二、岗位能力要求

1. 了解从事果树生产工作的意义与内容，具备吃苦耐劳精神与团队协作意识。

2. 掌握果树生产管理操作规程和规范，并具备在工作中发现问题、提出问题、分析问题及解决问题的能力。

3. 应用国内外先进的果树生产技术，具备使用先进的机械设备组织生产的能力。

4. 具有制订果树生产计划、进行总结的能力，能较好地组织员工、农民培训，提高操作技能。

5. 具有良好的与农民交流沟通能力，能较好地落实生产任务。

6. 能够通过咨询、查阅文献等总结出果树生产的新技术，具备引进果树新品种、转化生产力的能力，通过生产实践，完善果树生产技术。

## 三、岗位技能要求

1. 能识别主栽果树树种及品种。

2. 能根据行业企业果树生产规程或标准进行果树生产。

3. 能根据当地情况，制订果树周年管理历，并落实生产任务。

4. 能根据主栽果树树种及品种的生长习性对其进行合理的整形修剪。

5. 能根据企业生产标准，采用合理的措施控制品质。

6. 能正确选择果树病虫害防治方法，控制常见病虫害。

7. 能正确使用常用果园机械设备，并判断和排除故障，按照各设备的使用规范安全操作。

8. 能制订果园生产计划，并进行生产总结。

## 四、岗位职责要求

1. 对总经理负责，当好总经理的参谋和助手。

2. 负责做好公司果园果树阶段性综合技术措施的制定、落实工作，及时解决生产中遇到的技术困难和问题。

3. 全面负责土壤管理、施肥、灌水、修剪、质量控制、采摘等生产活动的组织和管理。

4. 对生产管理各项工作进行监督，保障生产目标的落实完成。

5. 对于果树有关作业，要实时跟进，严格把关。在果树拉技、抹药、剪枝等一系列工作操作过程中，发现有实施不到位的地方，要予以指出并现场做好示范，随时与果园负责人及员工协调、沟通，提高工作质量及效率。

6. 综合协调，做好生产工具、生产资料的准备和后勤保障工作，组织安排各生产组和员工做好生产前、生产中的各项工作，建立良好的生产秩序。

7. 制订培训计划，对工作人员进行岗前技术培训。

8. 严格落实安全生产责任制要求，及时发现并纠正生产过程中的违规操作行为。

9. 对公司工作提出合理化建议。

10. 完成上级领导安排的其他任务。

# 入职培训专题 4
## 制订学徒培养计划

## 一、学徒工作计划

果树生产管理包括果园管理、技术管理和技术指导 3 个方面。做好果园管理，首先要了解果园的基本情况，根据不同果树的生长阶段和果园总体生长结果情况制定相应的肥水管理措施、整形修剪方案，运用各种修剪方法调整树形、改善树冠内光照、调控树体生长发育和节省营养；做好品质管控及病虫害综合防治，确保果品产量稳定、品质优良、安全健康。技术管理就是要根据当地环境条件和企业果树管理情况，制订果园年度生产计划，按照年度生产计划进行人员安排，并根据果树生产情况实施技术方案。技术指导就是对企业人员进行技术操作教学和示范。

果园生产管理可分以下几步：第一步，制定生产技术规范；第二步，落实果园生产管理计划；第三步，进行生产管理总结（表 2-4-1）。

（一）制订生产计划

制订过程：调查果园基本情况—制订果园年度生产管理计划—检查落实生产资料准备。

（二）落实果园生产管理

实施过程：萌芽前管理—萌芽开花期管理—新梢生长与坐果期管理—果实膨大期管理—果实成熟期管理—采果后与落叶期管理—休眠期管理。

（三）生产管理总结

果园生产管理工作要认真落实，管理要标准。按季节、环境、生产任务要求，适时采取科学的管理措施。达到用工少、收效大、成本低、提高果品质量的目标。果园生产管理工作在果园生产管理岗中是非常重要的工作，其生产管理工作进度安排也需要按月按时进行（表 2-4-2）。

表 2-4-1　果园管理进度计划表（以阿克苏地区为例）

| 阶段 | 工作任务 | 月份 | | | | | | | | | | | |
|---|---|---|---|---|---|---|---|---|---|---|---|---|---|
| | | 1 | 2 | 3 | 4 | 5 | 6 | 7 | 8 | 9 | 10 | 11 | 12 |
| 计划阶段 | 果园调研、标准查询等 | ✓ | | | | | | | | | | | |
| | 制订年度生产计划 | ✓ | | | | | | | | | | | |
| | 检查落实生产资料准备工作 | ✓ | | | | | | | | | | | |
| 果园生产管理阶段 | 萌芽前管理（休眠期修剪、清园、病虫害预防、补基肥、灾害性天气预防） | | ✓ | ✓ | | | | | | | | | |
| | 萌芽期管理（花前复剪、灌水、追肥、病虫害预防） | | | ✓ | ✓ | | | | | | | | |
| | 开花期管理（保花、病虫害防治） | | | | ✓ | ✓ | | | | | | | |
| | 春梢生长期管理（疏果、追肥、灌水、夏剪、病虫害防治） | | | | | | ✓ | ✓ | | | | | |
| | 果实膨大期管理（夏剪、套袋、追肥、灌水、病虫害防治、沤肥） | | | | | | | ✓ | ✓ | ✓ | ✓ | | |
| | 果实成熟期管理（摘袋、增色、施基肥、采收、冬灌、深翻等） | | | | | | | | | | ✓ | ✓ | |
| | 休眠期管理（冬剪、病虫害防治、防冻等） | ✓ | | | | | | | | | | ✓ | ✓ |
| 总结阶段 | 对生产管理情况进行总结 | | | | | | | | | | | | ✓ |

表 2-4-2　学徒果树生产管理岗全年工作计划

| 月份（节气） | 气候特点及植物生长状态 | 工作具体安排 |
|---|---|---|
| 1—2 月份（小寒、大寒、立春、雨水） | 1 月份是全年中气温最低的月份，露地果树处于休眠状态。2 月份气温较上月有所回升，但果树仍处于休眠状态。 | （1）2 月份开始冬季修剪，烧掉修剪下的病枝。（2）病虫害防治：2 月下旬前在果园架设频振式杀虫灯。（3）视情况在树干地径处捆绑塑料薄膜裙或环，涂抹粘虫胶。 |
| 3 月份（惊蛰、春分） | 气温继续上升，3 月中旬以后，果树开始萌芽生长。 | （1）继续进行冬季修剪、开张树体工作。（2）追肥：3 月底追施有机复合肥。（3）灌水：如冬季未灌水，此时需补灌水。（4）病虫害防治：刮治腐烂病，烧毁刮下的病皮及病虫枝；3 月中旬，在叶螨活动前解除树干基部捆绑的废塑料布、纸等束物并烧毁；3 月中下旬，喷 5 波美度石硫合剂。 |

续表 2-4-2

| 月份（节气） | 气候特点及植物生长状态 | 工作具体安排 |
|---|---|---|
| 4 月份（清明、谷雨） | 气温继续上升，树木均萌芽、展叶，开始进入开花期。 | （1）病虫害防治：继续防治腐烂病；4 月上旬放置糖酸液、4 月 10 日前安置迷向灯、4 月中下旬释放赤眼蜂；4 月下旬防治春尺蠖；在 4 月下旬设诱捕器。<br>（2）花前喷施叶面肥。<br>（3）花期授粉：放蜂、人工辅助授粉、喷施硼砂肥＋糖液。<br>（4）松土保墒。 |
| 5 月份（立夏、小满） | 气温快速上升，果树新梢生长迅速。 | （1）疏果：5 月上旬及时疏果、定果。<br>（2）病虫害防治：5 月上旬预防红蜘蛛幼虫卵、食心虫、蚧壳虫等。<br>（3）夏剪：5 月下旬开始夏季修剪（抹芽、低位扭枝、去顶促萌、去梢促壮、环割、强势抚养枝拿枝软化、环剥、扭梢）、整形拉枝。<br>（4）施肥灌水：5 月上旬套袋前施花后叶面肥、补钙肥，适时灌水。<br>（5）套袋：5 月下旬定果后及时套袋。 |
| 6—9 月份（芒种、夏至、小暑、大暑、立秋、处暑、白露、秋分） | 6—8 月份气温高、蒸发量大，虫害、病害严重，果实迅速膨大。9 月份气温有所下降，果实开始转色。 | （1）继续夏季修剪、套袋。<br>（2）追施叶面肥。<br>（3）中耕除草。<br>（4）施肥：喷施叶面肥补充营养，7 月上旬追施有机复合肥。<br>（5）病虫害防治：视情况防治红蜘蛛，8 月份针对食心虫进行防治；8 月中旬包裹果树纸防止害虫上树；8 月中下旬树干基部捆绑废塑料布或卫生纸引诱越冬红蜘蛛成螨；9 月底收回杀虫灯、诱捕器和迷向管。<br>（6）沤制基肥：开始收集各有机肥原料，并按科学配方沤制基肥。 |
| 10 月份（寒露、霜降） | 气温下降，10 月份果实进入成熟期 | （1）摘袋：10 月上旬摘袋。<br>（2）采收：10 月底采收。<br>（3）施肥：采后及早追施基肥。<br>（4）深翻：采后至冬灌前，果园进行深翻。<br>（5）冬灌：10 月下旬至土壤封冻前灌"封冻水"。 |
| 11—12 月份（立冬、小雪、大雪、冬至） | 气温低，果树开始落叶，陆续进入休眠期。11 月底土壤开始夜冻日化。 | （1）病虫害防治：11 月中旬冬灌后涂白。检查果园，及时清理落果，除去病皮、病虫害枝，并及时烧毁。<br>（2）冬剪：11 月中旬至翌年 3 月上旬进行冬季修剪，及时烧掉修剪下的病枝。 |

## 二、 学徒学习计划

表 2-4-3　学徒学习工作计划

| 工作任务 | 学习内容 | 学习形式 |
|---|---|---|
| 企业岗前培训 | (1)企业文化管理；<br>(2)企业财务管理；<br>(3)人力资源管理；<br>(4)技术业务培训；<br>(5)产品市场营销。 | 专题讲授式学习。<br>(1)由企业各部门主管按照新员工标准进行轮训；<br>(2)在企业师傅指导下制订学徒期间的工作计划、学习计划和专题研修计划。 |
| 制订果园生产管理计划 | (1)果园生产情况调研方法；<br>(2)果树生产工作计划的制订；<br>(3)备耕情况的检查落实；<br>(4)准备农资。 | 工作指导法、研讨法等。<br>(1)根据公司果树生产标准、年度生产计划和目标任务，由企业师傅培训指导和安排本阶段的业务工作，在师傅指导下，研究、讨论并制订果园周年管理计划；<br>(2)在师傅带领下走访种植户，了解往年生产情况，开展技术培训；<br>(3)在师傅的指导下，查看农户备耕情况，并按计划准备农资。 |
| 萌芽前管理 | (1)果树休眠期整形修剪；<br>(2)病虫害预防。 | 网络培训、工作指导法、研讨法、角色扮演法、训练法等。<br>(1)通过网络学习，了解果树树形结构，熟知修剪时期、修剪目的、果树基本修剪方法及修剪反应；<br>(2)在师傅的培训指导下，查看果园树体状况，研讨制订整形修剪方案；<br>(3)准备并检查修剪工具，在师傅的示范指导下，开展果树休眠期修剪工作，并进行反复训练，掌握果树休眠期修剪技术；<br>(4)与师傅一起组织和指导种植户进行修剪工作，检查修剪质量；<br>(5)督促种植户清园；<br>(6)在师傅的指导下，检修喷药器械，指导种植户进行病虫害预防工作。 |
| 萌芽与开花期管理 | (1)果树的花前修剪，规范树形；<br>(2)及时浇水、追肥，果园生草，及时中耕松土，改善土壤环境；<br>(3)疏花、保花；<br>(4)防治病虫害；<br>(5)督促、检查各项工作质量。 | 网络培训、工作指导法、研讨法、角色扮演法、训练法等。<br>(1)通过网络学习，了解果树春季修剪、施肥、保花、疏花的目的及方法；<br>(2)在师傅的指导下，反复练习花前复剪、追肥、保花的工作；<br>(3)组织和指导种植户进行花前复剪，及时督促种植户进行春季追肥，灌萌芽水，及时中耕；<br>(4)在师傅的指导下，选择合适的作物进行果园生草；<br>(5)在师傅的指导下，开展疏花、保花工作，并督促种植户进行果树疏花、保花工作；<br>(6)在师傅的带领下，指导种植户进行果树病虫害的预防工作；<br>(7)落实并检查此阶段各项管理工作的质量。 |

续表 2-4-3

| 工作任务 | 学习内容 | 学习形式 |
|---|---|---|
| 新梢生长与坐果期管理 | (1)病虫害防治;<br>(2)保花保果、提高坐果率的方法;<br>(3)疏花疏果技术,稳定产量,确保果品质量。 | 网络培训、工作指导法、研讨法、角色扮演法、训练法等。<br>(1)通过网络及相关资料,了解果树此阶段管理内容,认识此阶段主要病虫害的症状;<br>(2)每天开展田间观察,掌握果园病虫害发生情况,在师傅的指导下,选择安全、环保的防治方式,开展病虫害防治工作;<br>(3)在师傅的带领下,分析果树生长情况,确定果树合理的负载量,选择合适的方法,开展保花保果、疏花疏果技术练习,并组织和指导种植户及时进行保花保果、疏花疏果工作;<br>(4)开展各项工作质量检查。 |
| 果实膨大期管理 | (1)夏季修剪技术;<br>(2)果实套袋;<br>(3)肥水管理;<br>(4)病虫害防治。 | 网络培训、工作指导法、研讨法、角色扮演法、训练法等。<br>(1)网络学习果袋类型、选择方法及树体夏季修剪的目的、方法等知识;<br>(2)在师傅的指导下,反复练习果树夏季修剪,并及时组织好夏季修剪工作,减少养分消耗,促进花芽分化,做好果树夏季修剪的落实和质量检查;<br>(3)在师傅的指导下,反复练习果实套袋技术,组织落实种植户果实套袋工作,及时督促和检查套袋质量;<br>(4)学习此期施肥和灌水方法,并督促种植户及时施肥、灌水,促进果实膨大,确保果品产量和质量;<br>(5)开展田间病虫害观察,在师傅的指导下,学习防治病虫害,指导种植户选择绿色、环保的方法开展病虫害的防治工作,并观察防治效果。 |
| 果实成熟与落叶期管理 | (1)果品增色、提高果实品质的措施;<br>(2)果品的收获、分级、包装等;<br>(3)施基肥、冬灌。 | 网络培训、工作指导法、研讨法、角色扮演法、训练法等。<br>(1)网络学习果品分级标准;<br>(2)在师傅的指导下,制定果实增色方案,并根据方案开展增色技术训练,组织和指导种植户进行果实增色工作;<br>(3)组织和指导种植户适时分批采收果品,轻拿轻放,以免损伤果品,保证采收质量;<br>(4)根据分级标准,及时组织种植户进行果品分级、包装等采后处理工作,确保果品商品性;<br>(5)在师傅的指导下,组织和督促种植户进行采后树体的管理,及时施基肥、灌冬水,为树体安全越冬打下基础。 |
| 休眠期管理 | (1)休眠期树体管理措施;<br>(2)清理果园;<br>(3)工作的总结;<br>(4)技术培训。 | 网络培训、工作指导法、研讨法、角色扮演法、训练法等。<br>(1)在师傅的指导下,做好果树防寒、防冻措施;<br>(2)在师傅的指导下,组织和指导种植户清理果园,减少果园内的越冬病虫害基数;<br>(3)在师傅的指导下,对果园经济效益进行分析,总结一年的管理及工作,做好技术总结工作;<br>(4)做好农闲期种植户培训计划,并交师傅审核,应用网络查阅相关知识,做好培训课件,开展培训工作。 |

续表 2-4-3

| 工作任务 | 学习内容 | 学习形式 |
|---|---|---|
| 学徒培养总结 | (1)学习总结；<br>(2)专题研修报告。 | 网络培训、工作指导法、研讨法、训练法等。<br>(1)网络学习工作总结和专题研修报告的写作方法；<br>(2)在企业师傅指导下，学徒系统的总结学徒期间三项计划的完成情况，形成学徒学习总结；<br>(3)按照专题研修报告写作要求，撰写专题研修报告，并上交指导老师(或师傅)进行审阅修改。 |

# 三、专题研修计划

（一）具体的专题研修计划

1. 果树的基础知识专题研修计划。

2. 商品化果园规划专题研修计划。

3. 果园树种、品种及授粉树种植专题研修计划。

4. 果园安全生产专题研修计划。

5. 果树主要虫害及防治专题研修计划。

6. 果园机械种类及使用要求专题研修计划。

7. 果树生产管理岗所需法律知识专题研修计划。

8. 果园生产基本技术专题研修计划。

9. 企业经营管理专题研修计划。

10. 果园生产管理生产成本核算专题研修计划。

11. 果品营销专题研修计划。

（二）果树生产专题研修计划

**1. 研修目标**

通过学习，掌握果树生产的理论知识与操作技能。

具体要求：掌握植物、土壤肥料、气候、植物病虫害等基础知识，并能结合当地常见的果树树种、品种，掌握果树生长结果习性、生产基本知识。能熟练操作主要果树生产的各项基本工作，确保工作质量，并达到规范要求。

**2. 研修内容**

（1）基础知识培训

①植物及植物生理基础　从植物的基本组成开始，讲述植物六大器官的形态结构与类型、光合作用、呼吸作用、植物的水分代谢、矿质营养、生长物质、生长生理、成花生理、生殖生理、抗逆生理等知识，为认识常见植物、掌握果树生长发育打下理论基础。

②土壤肥料基础　从土壤的基本组成开始，讲述土壤的理化性质与水、肥、气、

热情况；从植物营养条件开始，讲述无机、有机肥料的种类、特点及施用技术知识。

③植物病虫害基础　从果树害虫与病害的基本知识开始，讲述当地主栽果树常见病虫害的主要种类、发生规律、为害特点及防治技术要求。

④农业气象基础　从气象的形成开始，讲述气象的类型、气象对农业生产的影响、各类生产气象灾害及防御措施知识，为果树生产中灾害性气候的预防奠定基础。

⑤果树生产基础　讲述果树生产的意义、发展趋势及果园规划设计、果园生产管理（树形、整形、修剪、品质控制等）基础知识。

（2）技能培训

①果树树种、品种识别　对果园的主要果树种类、品种识别进行培训。

②病虫害识别与防治　对当地果园主要病虫害的种类、发生规律、为害情况及防治技术进行培训。

③果园常用机械　对当时当地果园常用机械的性能及使用、维护保养技术进行培训。

④生产技术　对果树的栽植技术如水肥一体化、整形修剪、品质控制等进行培训，同时进行各类工具使用的培训。

⑤果品商品化处理　对当地主要果品进行果实采摘、采后商品化处理技术培训。

**3. 具体措施及安排**

（1）每周自学各类理论知识，并做好要点笔记，写在专门的笔记本上。

（2）经常反思自己的学习行为和管理行为，不断地总结经验，找准不足之处，写好学习反思和案例，督促自己不断进步。

（3）在工作中对自己严格要求，决不松懈。

# 第三部分

## 学徒工作学习任务

# 项目一
## 苹果生产技术

## 【专业知识准备】

### 一、苹果生产现状

苹果是世界四大水果之一，近年来，随着我国苹果生产的迅速发展，中国已经成为世界第一大苹果生产国（图 3-1-1），同时也是苹果消费大国（表 3-1-1）。

表 3-1-1　苹果市场消费情况

| 消费形式 | | 消费量/万 t | 占比/% |
|---|---|---|---|
| 鲜食 | | 3 000 | 72.6 |
| 加工 | 浓缩果汁 | 750 | 18.2 |
| | 果醋、果脯、脆片等 | 250 | 6.1 |
| 出口鲜果 | | 130 | 3.1 |

新疆是世界苹果的起源地之一，塔里木盆地及伊犁河谷独特的自然地理环境和水土光热条件，适宜苹果等落叶果树的生长发育，非常适合建立安全、优质、高效的苹果集约化生产基地。新疆鲜食苹果产区主要分布在阿克苏地区、伊犁州逆温带；加工苹果产区主要分布在塔城、伊犁、昌吉州"东三县"（即吉木萨尔县、奇台县和木垒哈萨克自治县）。

### 二、中国苹果生产存在的问题

（一）低产园、老龄园占比较大

有近 15% 的果园单位产量在 7.5 t/hm² 以下；近 1/4 的果园树龄已超 20 年，即将进入更新淘汰期（表 3-1-2）。

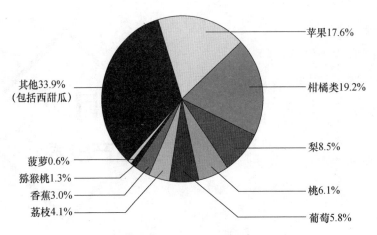

a.苹果在我国果品种植面积中的比重

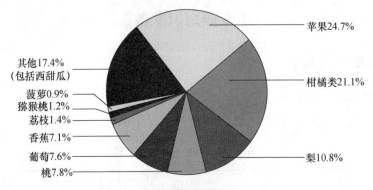

b.苹果在我国果品产量中的比重

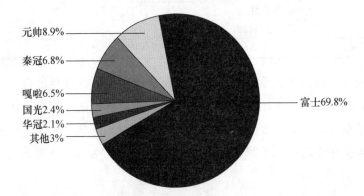

c.我国种植苹果品种结构

图 3-1-1　中国苹果种植生产总体情况

表 3-1-2　各地区苹果低产园、老龄园情况

| 地区 | 产量低于 500 kg/亩的果园比例/% | 树龄超过 20 年的种植面积比例/% | 未来 5 年需要更新的种植面积比例/% |
|---|---|---|---|
| 陕西 | 16.1 | 11.8 | 15.5 |
| 山西 | 10.5 | 18.9 | 14.6 |
| 甘肃 | 8.1 | 11.8 | 8.2 |
| 河南 | 4.8 | 23.2 | 14.0 |
| 山东 | 16.8 | 23.7 | 14.9 |
| 辽宁 | 19.0 | 29.5 | 16.8 |
| 河北 | 20.0 | 45.0 | 15.0 |
| 平均 | 13.6 | 23.4 | 14.1 |

（二）　土壤有机质含量偏低，果园有机肥施用偏少

（三）　栽培规模偏小

我国山东、甘肃、陕西地区苹果生产规模如表 3-1-3 所列。

表 3-1-3　各地区苹果生产规模

| 地区 | | 不同生产规模的苹果园数 | | | | | | | 合计 |
|---|---|---|---|---|---|---|---|---|---|
| | | <3 亩 | 3~5 亩 | 6~10 亩 | 11~50 亩 | 51~100 亩 | 101~300 亩 | 300~500 亩 | >500 亩 | |
| 山东 | 数量 | 181 655 | 162 720 | 29 816 | 5 808 | 98 | 16 | 10 | 4 | 380 127 |
| | 比例/% | 47.79 | 42.81 | 7.84 | 1.53 | 0.026 | 0.004 | 0.003 | 0.001 | 100.004 |
| 甘肃 | 数量 | 128 578 | 92 550 | 62 909 | 11 114 | 284 | 21 | 10 | 34 | 295 500 |
| | 比例/% | 43.51 | 31.32 | 21.29 | 3.76 | 0.096 | 0.007 | 0.003 | 0.012 | 99.908 |
| 陕西 | 数量 | 433 627 | 796 984 | 254 813 | 132 621 | 786 | 96 | 11 | 11 | 1 618 949 |
| | 比例/% | 26.78 | 49.23 | 15.74 | 8.19 | 0.048 6 | 0.005 9 | 0.000 7 | 0.000 7 | 99.995 |

（四）　病害逐渐严重

腐烂病、轮纹病、早期落叶病等病害问题严重，在部分优势产区已成为重大隐患。

（五）　生产成本上升，劳动力资源缺乏隐患显现

与果业发达的国家的单位生产成本（3 000 元/t）相比，我国苹果单位生产成本相对较低（1 000~1 500 元/t）。但一方面，该生产成本与波兰、智利等国比已无优势，且与欧美国家比优势越来越小；另一方面，鉴于我国果农及市场实际，该成本已使果农不堪重负，持续投入乏力。

（六）　果品质量需求提高，市场竞争压力加大

2007 年起，中国人均占有果品量已超 60 kg，目前已达 130 kg；鉴于城乡经济水平的差距，对城市居民而言，已超过 200 kg。多年的开拓经营，中国果品的出口市场也趋稳定。因此，促进果农种植收入的增长，扩大果品出口量、出口额，保持林果业作为农村支柱产业，关键措施在于提高果品质量。

## 三、商品化苹果园情况

建设苹果园最好是在适宜区域内，选择无污染的环境，远离污染源地段建园。另外，还要考虑到当地农业结构、社会经济条件、基地经营目标、气候和地理条件的优势情况。

（一） 品种选择

在新疆苹果最适宜产区阿克苏、喀什宜发展富士着色系（如新富 1 号、长富 2 号、秋富 1 号、烟富系等）、元帅系短枝型、乔纳金、嘎啦等品种。

在新疆苹果适宜产区伊犁州逆温带宜发展富士着色系（以"寒富"为主，如新富 1 号、长富 2 号、秋富 1 号）、嘎啦等品种。

在北疆塔城、昌吉等高寒区宜发展高抗逆的加工型苹果（如高酸海棠系列），也可栽培耐寒鲜食苹果（如新帅、新冠、新苹 1 号、黄海棠等）。

生产加工类品种，可选择澳洲青苹、红勋 1 号、冰心等。

（二） 集中连片

集中连片建园，便于经营管理、机械化作业和运用高新技术，迅速形成商品规模和生产基地，以扩大知名度，参与市场竞争。

（三） 土壤肥沃

栽培苹果树以砂壤土为好，要求土层厚度在 100 cm 以上，土质疏松，通适性好，土壤 pH 低于 7.8 较好，地下水位以不超过 1.5 m 深为宜。土壤有机质含量在 1％以上，最好达 1.5％～2.0％。目前多数果园达不到上述要求，可以通过深翻扩穴、改土施肥、掏沙换土、大种绿肥、人工生草、增施有机肥等措施提高土壤肥力，充分满足苹果树对土、肥、水的需要。

（四） 规划设计

国家（省、市、县）苹果标准果园建设：标准本地化、标准简便化、标准普及化。

（五） 授粉树的配置

苹果大部分品种具有自花不实现象，在建园确定主栽品种后，应选择合适的授粉品种，配置果园授粉树。配置授粉树品种应注意以下几个环节。

**1. 选择适宜的授粉组合**

理想的授粉品种应具备经济价值高、花期长、与主栽品种花期相近、花量足、花粉多、对主栽品种授粉亲和率高、与主栽品种成熟期相近等特点，以便于采收和各项管理。另外，选择授粉品种时应注意同一品种内各品系不能互为授粉树，三倍体品种如乔纳金、北斗、北海道 9 号花粉败育，不能用作授粉品种。

**2. 授粉树数量要足**

一般情况下授粉树占总栽植面积的 20％左右，主栽品种与授粉树的比例以（4～5）∶1

为佳，二者相距不超过 30 m，为了方便管理，主栽品种与授粉品种按比例成行配置。如果用两个主栽品种互为授粉树时，根据品种具体情况，可按 1：1 或 1：2 甚至 1：8 的比例配置，授粉品种的配置原则上不能低于 1：8。如主栽品种中有三倍体品种，应选择 2 个以上的授粉品种配置授粉树。适宜授粉组合见表 3-1-4。

表 3-1-4　苹果优良品种的适宜授粉组合

| 主栽品种 | 适宜的授粉品种 | 备注 |
| --- | --- | --- |
| 红富士系 | 嘎啦系、元帅系 | |
| 元帅系 | 红富士系、嘎啦系 | |
| 皇家嘎啦 | 元帅系、美国 8 号、红富士系 | |
| 新帅 | 新冠、新苹 1 号 | |
| 红乔纳金 | 红高土系、嘎啦系、元帅系 | |
| 澳洲青苹 | 红富士系、元帅系 | |
| 红勋 1 号 | | 自花授粉 |

## 四、苹果树栽植

各地区苹果栽植模式不同，栽培密度因品种砧木、树形、地势、土壤、气候条件和管理水平的不同而异。品种不同，冠的大小也有差异，如富士等普通品种树冠较大、而短枝富士、短枝型新红星则较小。砧木对树冠的大小也有很大的影响，用海棠砧的苹果树树冠比用山荆子的树冠小；用矮化砧和半矮化砧，树体则明显矮小，在地势平坦，土壤肥沃的果园，树体生长势强，栽植密度应小；在低温、干旱、大风地区，果树生长往往受到抑制，栽植密度应稍大，在气候温暖、雨量充沛的地区，果树生长旺盛、树体高大，栽植密度则应该小些。常见栽植密度如表 3-1-5 所列。

表 3-1-5　常见苹果栽植密度

| 砧木类型 | 栽植密度/（m×m） | 栽植量/（株/亩） |
| --- | --- | --- |
| 乔化砧 | （3～4）×（4～5） | 33～55 |
| 自根砧、矮化中间砧 | （1～1.5）×（3.5～4） | 111～190 |

果树定植前的准备：①用大马力拖拉机对定植园进行深翻改土，翻犁深度达 50～60 cm；②用大型旋耕机进行旋耕碎土；③用激光整平机对定植园进行平整；④用大马力拖拉机对定植沟进行开沟施肥，沟深 50 cm；⑤施肥完成后，用拖拉机回填至 25 cm 左右；⑥回填完成后，在栽植前 3～5 d 浇阴沟水，便于定植。

## 五、苹果园管理

### （一）整形修剪

**1. 树形发展趋势**

随着果树生产技术的发展，苹果栽培由大冠稀植向矮化密植方向发展，整形修剪技术也出现了相应的变化。树体由高、大、圆形向矮、小、扁形发展；树体结构由复杂向简单方向发展；树形由多级骨干枝向单级或二级骨干枝方向发展；修剪时期由休眠期修剪为主向生长期修剪为主的四季修剪方向发展；经营方向由长寿修剪向短周期经营方向发展。

**2. 主要树形**

目前苹果树形主要采用小冠疏层形、自然纺锤形、细长纺锤形、小冠开心形等（表 3-1-6）。

表 3-1-6 苹果树主要的树体结构及特点

| 树形 | 密度/（株/亩） | 树体结构特点 |
| --- | --- | --- |
| 小冠疏层形 | 33～55 | 树高 3.0～3.5 m，干高 0.5～0.6 m，5 个主枝（第一层 3 个，第二层 2 个），第一层的 3 个主枝上各 2 个侧枝。 |
| 自由纺锤形 | 55～67 | 树高 3.0～3.5 m，干高 0.7 m，中央干上螺旋上升着生 10～15 个主枝。主枝长度 1.5～2.0 m，分枝角度 70°～90°。同向主枝间距不小于 0.5 m。 |
| 细长纺锤形 | 111～166 | 树高 3～3.5 m，干高 0.7 m，冠径 1～1.5 m，水平、细长侧生分枝 25～30 个，在中央干上不分层次，均匀分布，生长势相近。 |
| 主干形圆柱形 | 84～110 | 树高 3～3.5 m，干高 0.7 m，冠径 2 m 左右，无主枝。围绕中心干螺旋上升，分生大、中、小结果枝组 30～35 个，每个枝组由 3 个以上枝组成。 |
| 改良纺锤形 | 40 左右 | 树高 3.0～3.5 m，干高 0.7 m，基层有主枝 3～4 个，分枝角度 80°～90°。向上中心干不再分层，10～15 个侧生分枝呈螺旋式上升。 |

**（二） 苹果树施肥**

**1. 肥水一体化**

肥水一体化是世界苹果生产先进国家普遍采用的施肥灌水制度（图 3-1-2）。灌溉施肥虽然具有非常大的优势，但是，传统意义上的灌溉施肥，由于其一次性投资较大，对果园规模及水利设施要求严格，配套设备研发和生产滞后，容易堵塞、老化以及维护成本高等原因，在我国苹果产区发展缓慢。

简易肥水一体化施肥就是利用果园喷药的机械装置，包括配药罐、药泵、三轮车、管子等，稍加改造，将原喷枪换成追肥枪即可。追肥时再将要施入的肥料溶解于水中，用药泵加压后用追肥枪追入果树根系集中分布层的一种施肥方法。

**2. 放射状沟施肥**

距树干一定距离（树冠投影处）由内向外挖 3～6 条沟施肥，内膛沟浅些（20 cm）、窄些（20 cm）、冠外宽些（40 cm）、深些（40～60 cm），逐年更换位置（图 3-1-3）。此法伤根少，但在追肥时宜开浅沟，沟深为 10～15 cm。

a.国外肥水一体化施肥设备　　　　　　　　b.肥水一体化施肥灌水

图 3-1-2　肥水一体化设施

### 3. 环状沟施肥

适合于幼树施基肥，在树冠外围 20～30 cm 处挖深 40～60 cm 的环状沟或挖间断的环状沟，以减少伤根量（图 3-1-4）。可结合幼树扩穴深翻使用。

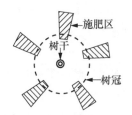 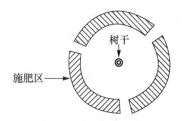

图 3-1-3　放射状沟施肥　　　　　　　图 3-1-4　环状沟施肥

### 4. 穴状施肥

以树干为中心，从树干半径的 1/2 开始，挖若干个小穴，穴的分布要均匀，将肥料直接施入穴中，灌水并覆盖地膜。

### 5. 条状沟施肥

在苹果树行间或株间树冠投影处开长沟施肥，施肥沟在树冠投影边缘向内，沟宽 40～50 cm，深度为 40～60 cm，长度依树冠大小而定。对于两行树冠比较接近的苹果园，采用"井"字形开沟施肥，即采用隔行开沟，逐年更换位置（图 3-1-5）。二年或四年完成全园深翻施肥。

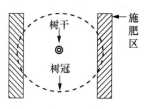

图 3-1-5　条状沟施肥

### 6. 全园撒施

适用于成龄苹果园或密植苹果园。将肥料均匀撒在距树干 50 cm 以外的树冠下，然后浅翻。此法简便易行，其缺点是施肥量大，经常撒施易引起根系上翻。

### 7. 不同类型苹果树的施肥要点

苹果树的类型及其外观形态和施肥要点如表 3-1-7 所列。

**表 3-1-7　不同类型苹果树的施肥要点**

| 苹果树类型 | 外观形态 | 施肥要点 |
| --- | --- | --- |
| 丰产、稳产树 | 一类短枝占 35% 左右且分布均匀，三类短枝约占 30%，长枝数量稳定在 10%～20%，叶片大而整齐，各类营养物质都较高且稳定。年周期中植株的各个部位间营养水平变动幅度不大。 | 萌芽前以氮肥为主，有利于发芽抽梢、开花结果；果实膨大期以磷钾肥为主，配合氮肥，加速果实个体生长，促进增糖增色；采果后补肥浇水，协调物质转运，恢复树体，提高功能，增加贮备，主要以有机肥为主。 |
| 旺长树 | 长枝比例超过 20%，枝条皮层薄，枝上芽的质量差异大，芽内分化叶较小，芽外分化叶或秋梢叶大，一类短枝数约占 25%，三类短枝达 40%，长短枝之间营养竞争激烈，花芽不易形成，根生长量大且分枝少，植株营养水平低。 | 春梢和秋梢停止生长期进行追肥，尤其是秋梢停止生长期追肥，有利于分配均衡，缓和旺长，注意磷钾肥的施用，有机肥充分能促进成花；春梢停长期注意氮肥的施用，配合磷钾肥，结合小水、适当干旱，提高肥料浓度，促进花芽分化。 |
| 变产树 | 即大小年树，不同年份间的营养水平与器官组成差异较大，并且植株各部位间营养元素含量的一致性低。 | 大年结果树追肥时期宜在花芽分化前 1 个月左右，以利于促进花芽分化，增加次年产量，主要追氮肥，施肥量占全年总氮量的 1/3 左右；小年结果树追肥宜在发芽前，或开花前及早进行，以提高坐果率，增加当年产量，主要追氮肥，施肥量占全年总氮量的 1/3 左右。 |
| 瘦弱树 | 树枝条生长量小，枝条皮层薄，叶片小而黄、质脆，根系浅而少，分枝能力弱，各类营养物质少。 | 对肥水反应敏感。萌芽前追肥，以氮肥为主，配合浇水，加盖地膜；新梢旺长前追肥，结合大水，夏季勤追，猛催秋梢，恢复树势，秋季带叶追肥，增加贮备，提高芽质，促生秋根。 |
| 小老树 | 叶片较小而整齐，枝条生长量小，易成花但落花多，根系呈衰老状。 | 对肥水变化不敏感。管理中应注意氮肥的施用。 |

### （三）　灌水时期及灌水量

果园土壤水分含量受诸多因素影响，合理的灌水时期，可根据土壤含水量和苹果树生长发育时期来确定。其中通过测定土壤含水量的方法确定灌水时期较为可靠，适宜苹果树生长结果所需水分为土壤田间持水量的 60%～80%，土壤田间持水量低于60% 以下时，应及时浇水。不同生育阶段果树对水分要求不同，应根据苹果树需水特点进行灌溉。

**1. 萌芽期**

春季苹果树萌芽抽梢，孕育花蕾，需水较多。此时常有春旱发生，及时灌溉可促进春梢生长，增大叶片，提高开花势能，还能不同程度地延迟物候期，减轻春寒和晚霜对果树的危害。一般在 3 月中下旬灌溉为宜。

**2. 花期前后**

土壤过分干旱会使苹果花期提前，而且集中到来，开花势弱，坐果率低。花期前适量灌溉，使花期有良好的土壤水分，能明显提高坐果率。但花期前土壤水分状况良好时，不宜大水浇灌，否则会使新梢旺长，争夺养分而引起坐果率降低。花后浇水，有助于细胞分裂，果实高桩，促进新梢生长。一般 4 月中下旬灌溉为宜，特别年份除外。

**3. 新梢旺长及幼果膨大期**

正值春梢旺长、幼果细胞迅速分裂期，需水量大，同时，此时期温度不断上升、蒸发量大，务必保持水分供应充足，否则易导致苹果果个偏小、畸形、偏斜果等。

**4. 花芽分化期**

此期需水较少，水分多时，反而影响成花。

**5. 果实膨大期**

果实迅速膨大期是第二个需水临界期，气温高，叶幕厚，果实迅速膨大，水分需求量大。但此时多数果区进入雨季，一般不用灌水，且需要注意排水防涝，具体仍需以实际情况判定。

**6. 果实采收前**

这个时期气温渐降，果叶用水减少，空气有一定的湿度，有利于果实着色。但水分过量，会影响果实着色，而且水分波动大时，易引起裂果，所以此期干旱时，早晚可树上喷水，不要浇大水。雨水大时，一定要注意排水或晾根。

**7. 封冻浇水**

应在秋季封冻以前浇水，浇水量要大。在树体地上部分休眠以前，根系还有一段时间的生长期。这时浇足水会促进根系生长，增加根系吸收量，使树体贮存养分增多，不仅能满足较长时间的休眠期间果树对水分的需要，还能防止枝条旱冻抽条和树体冻害。

（四）　土壤管理

**1. 深翻改土**

（1）深翻时期　一般在果实采收后至落叶休眠前结合秋施基肥进行。此时深翻并结合重施秋肥，气温和土温还都适宜果树地上部制造养分，并向地上枝干、根部运输。同时根系正是吸收高峰期，深翻可切断一些根系，有利于促进伤口愈合和促发新根，从而增进养分的吸收，提高光合强度，增加树体营养积累，充实花芽，为来年抽梢结果提供足够的物质基础。因此，秋季是果园深翻的最佳时期。

（2）深翻深度　深翻的深度以比果树主要根系分布层稍深为度，并要考虑土壤结构和土质及气候、劳力等条件。一般深翻的深度为 60 cm 左右。

（3）深翻方式

①扩穴深翻　又叫放树窝子。扩穴深翻是在结合施秋肥的同时对栽后 2～3 年内的幼龄树果园。从定植穴边缘或冠幅以外逐年向外深挖扩穴，直至全园深翻完为止。每次可扩挖 0.5～1.0 m，深 0.6 m 左右。在深翻中，取出土中石块或未经风化的母岩，并填入有机肥料及表层熟化土壤。一般 2～3 年内可完成全园深翻。

②隔行深翻或隔株深翻　为避免一次伤根过多或劳力紧张，也可隔行或隔株深翻。平地果园可随机隔行或隔株深翻。隔行深翻分两次完成，也可进行机械操作。

③全园深翻　将栽植穴以外的土壤一次深翻完毕。这种方法一次用工量大，需劳力较多，但翻后便于平整土地，有利于果园耕作。

**2. 果园生草**

果园生草可改善果园小气候，优化土壤环境，有利于果树病虫害的综合治理，促进果树生长发育，提高果实品质和产量，因此目前果园生草是苹果园管理的一项措施。

可选择白三叶、黑麦草、红三叶等草种在春季或秋季播种。

（五）　花果管理

**1. 保花保果**

（1）果园放蜂　多采用人工饲养的商业蜜蜂或专用的壁蜂（图 3-1-6）。在苹果中心花开放前 3～5 d，以傍晚投放效果最好。以 300～500 头/亩为宜。放蜂的第二天便可出蜂，15 d 内出完，第七天时出蜂最多，蜂茧出蜂率正常为 95％左右。

**图 3-1-6　果园放蜂**

（2）人工授粉　人工辅助授粉通常是花期天气不良、授粉树数量不足、授粉树配置不当时的一种补充措施。苹果树的中心花开放当天和第二天，雄蕊开始散粉，雌蕊柱头嫩黄绿色且有光泽时，将采集好的花粉加上填充剂后装入小瓶中，用带橡皮头的铅笔蘸上花粉进行人工点授。蘸一次花粉可授 7～10 朵花，每个花序授 1～2 朵。花多的树可进行隔序点授，花少的树多点花朵，树冠内膛的花多授。一般人工授粉要进行 2 次。也可用机械授粉的方式：在全树花朵开放 60％左右时，按照花粉液配方（水 10 kg、白糖 0.5 kg、花粉 20～25 g、硼酸 10 g、尿素 30 g），将糖溶解于水中，制成 5％的糖溶液，同时加入 30 g 尿素，制成糖尿液，然后取 50 g 砂糖加入 0.5 kg 水中，制成 10％的糖液，加进干花粉 20～25 g，搅匀、过滤到配好的糖尿液中，即制成糖尿花粉液。将配好的糖尿花粉液装入喷雾器中，喷前加入 10 g 硼酸，可提高花粉萌发率，配后立即喷布。每株树均匀喷布 0.15～0.25 kg。

（3）其他保花保果的措施　花期正确使用生长调节剂和微量元素可以显著提高坐果率，如花期喷两次 0.3％的硼砂混加 0.3％的尿素，花后喷 50～100 μg/g 的细胞分裂素（如 6-BA）。目前国内应用的生长调节剂主要是萘乙酸、赤霉素等，使用浓度一般为 15～20 mg/kg。在花期或花前喷 0.1％～0.2％的钼酸铵或钼酸钠，也有较好的效果。此外，春旱时，在果树花期进行树体喷水，对提高坐果率也有一定的作用。

**2. 疏花疏果**

化学疏花疏果技术在国外苹果生产上已成为一项常规措施，被大面积应用。其特点是节省劳力、节省时间、成本低、速度快、适于大面积集约化生产。近年来，随着我国工业化、城市化的推进，农村劳动力向城市的转移速度加快，劳动力成本不断增加，亟须解决苹果大面积集约栽培中疏花疏果费人工、成本高的问题。

现将化学疏花疏果药剂及使用方法介绍如下：

（1）疏花药剂种类及特性

①石硫合剂　果农自己熬制的石硫合剂乳油浓度为 0.5～1 波美度；商品用 45％晶体石硫合剂浓度为 150～200 倍，初盛花期（即中心花 75％～85％开放）时喷第 1 遍，盛花期（即整株树 75％的花开放时）喷第 2 遍。

作用：具有烧伤花粉、柱头和抑制花粉发芽的作用。

缺点：石硫合剂对果园内的蜜蜂及产品有不利影响。

②有机钙化合物　钙是果树必需的矿质元素之一，常以补充钙肥的形式来提高苹果品质和耐贮藏性能及树体的抗逆性能。近年来用多种钙化合物对富士等品种进行了疏花试验，证实有不同程度的疏花效果。这种药剂无毒无害，对环境无任何污染，成本低、效果好，可用于有机栽培。盛花初期（即中心花 75％～85％开放）时喷第 1 遍，盛花期（即整株树 75％的花开放时）喷第 2 遍，每次浓度 150～200 倍，主要起疏花作用。

③植物油　如橄榄油等，在红星苹果品种上使用能疏花且不增加果锈，使用剂量 30～50 g/L，使用时要不断摇动喷雾器，使油水混合均匀。

（2）疏果药剂种类及特性

①西维因　原是一种高效低毒的氨基甲酸酯类杀虫剂，对防治果树食心虫有良好的效果。1958 年在美国注册，1960 年发现其有疏果作用，效果温和而稳定，曾一度是美国最好的疏果剂。但美国的研究并未解决如何保留中心果、疏边花和腋花果的问题。我国和日本科技工作者的研究认为，西维因的有效喷施时期为盛花后 1～4 周，以盛花后 2～3 周喷布效果最好，即在盛花后 10 d（中心果直径 0.6 cm 左右）喷第 1 遍，盛花后 20 d（中心果直径 0.9～1.1 cm）喷第 2 遍，适宜浓度为 2.0～2.5 g/L。按此法用药不容易发生果锈、畸形果及药害，目前在我国和日本该药剂作为较好的疏果剂而被广泛使用。

作用机理：西维因具有内吸作用，在树体内进入维管束后，能干扰幼果的养分和激素的运输，阻碍营养物质的运输，使部分幼果因缺少发育所需的营养物质而脱落，这种干扰首先发生在生长比较弱的果实上，引起落果。

优点：比较安全，对人畜毒性低，不易在体内积累，对果实无不良影响，有效喷施期和适宜浓度范围比较宽，在疏果的同时兼治虫害。

②萘乙酸、萘乙酸钠及同类物质　人工合成的植物生长素类生长调节剂，由于它们干扰了树体内一些激素的代谢和运输，能促进乙烯利的形成而导致落果。萘乙酸适宜浓度为 10～20 mg/kg；萘乙酸钠适宜浓度为 30～40 mg/kg；在盛花后 10 d（中心果直径 0.8 cm 左右）喷第 1 次，盛花后第 25 d 喷第 2 次。对腋花芽多的品种可以在盛花末期（即全树 95％以上花朵开放时）增喷 1 次。

优点：疏果作用较强。

缺点：疏花疏果不稳定，易引起严重的叶片偏上生长、畸形和抑制果实生长等后遗症。

### 3. 苹果套袋

果树套袋是目前生产高档果品的重要技术之一，果实套袋能提高果实表面的着色度和光洁度，防治多种果实病虫害，有效降低农药残留，从而提高苹果优质果率和经济效益，满足国内外市场对优质安全果品的日益增高的需求。目前果实套袋已成为果园常规的生产技术。

通过果实套袋可促进果实的着色；维持酚类物质含量；提高果实内在品质；果点变浅变小，果面光洁；提高了果实的贮藏性；降低了农药残留；使苹果的优果率增加，提高经济效益。

（1）果袋选择　果袋性能是决定果实套袋技术的首要因素，市场上出售的商品果袋种类繁多，性能各异，各地苹果园的生产情况及环境条件又差别很大，应本着价廉质优、效益第一的原则，依据品种特性选择果袋类型，按照市场要求确定果袋档次，结合环境特点灵活掌握。例如，富士系品种为较难着色的红色品种，要求着色面大，着色均匀、色调鲜艳、果面光洁，一般选择双层纸袋或者塑膜果袋；红星系品种可选遮光单层袋或低档双层袋。然后按照苹果的市场定位确定果袋档次，如生产高档果，宜选外黑内红离体双层袋。同时还要根据果园的环境条件进行调整，如同样是红富士，在海拔高、温差大、光照强的地区，采用遮光单层袋或塑膜袋即可使苹果很好地着色。

（2）确定时期　一方面，套袋时期决定整个工作计划的安排；另一方面确定最佳套袋时期对套袋技术的效果至关重要。一般黄绿色品种和早、中熟品种在谢花后 10～15 d 进行；生理落果严重的红星、乔纳金等品种，可在生理落果后进行；晚熟红色品种在花后 35～50 d 完成。

（六） 主要灾害防控

苹果病虫害综合防治是有机地利用适当的技术和方法，使病虫害种群的数量保持在允许水平以下，尽可能地降低对生态系统的副作用，达到"安全、有效、经济"的目的。

（1）病虫害综合防治的原则　病虫害综合防治的方针是预防为主，综合防治。制定综合防治措施的原则是经济、有效、安全、简便。"安全"指的是对人、畜、作物、害虫天敌及环境不产生损害和污染。"有效"指的是能大量杀伤病、虫或明显地降低病、虫的密度，起到保护农作物不受侵害或少受侵害的目的。"经济"是指花费成本低，防治效果好。"简便"是指能因地因时制宜，方法简便易行，便于群众接受。具体地讲，有以下5点：

第一，制定综合防治措施时，要以农业防治措施为基础，充分发挥其他措施的作用。

第二，防治一种病虫害时可采用多种方法。

第三，在综合运用化学防治和生物防治时，要注意改进防治技术，特别是用药技术，使之既能杀死病虫，又能较大限度地保护天敌和发挥天敌的效能。

第四，在多种病虫同时发生时，应力求兼治，化繁为简。以一种防治措施尽可能地兼治多种病虫害。

第五，进行综合防治时，还应充分发挥各措施之间相辅相成的作用，注意各措施之间的衔接、互补，以提高防治效果。

（2）苹果树主要病害综合防治程序　苹果病害发生受多种因素影响。因此，在生产上，要创造良好的环境，减少病害的发生概率，灵活全面地应用综合防治技术。在病害的防治中，可按以下程序进行：

①掌握病害发生规律，制订病害预防方案　根据往年当地病害发生规律，做好苹果园各个环节的管理工作，创造不利于苹果病害发生的条件，减少病害的发生概率，制定当地病害的综合预防方案，作为全年苹果园中病害预防的基础。

②正确识别和诊断病害，做好病害的预报工作　即在苹果树的管理过程中，认真做好田间观察，发现田间的异常现象，要及时分析是不是病害、是哪种病害。根据病害的田间表现进行准确的诊断，确定病害种类，达到病害能早发现、早治疗的目的。

③选择合适的药剂，准确进行治疗　苹果园发生病害后，要及早进行防治。化学防治要选择生物源农药、矿物源农药，禁止使用剧毒、高毒、高残留农药和致畸、致癌、致突变农药。有针对性地选择合适的农药，按规定的浓度、安全间隔期进行治疗。

## 【典型人物案例】

### 宁夏中卫"苹果王子"吴光亮

2010年10月，宁夏南山阳光林果有限公司在中卫市成立，公司在总经理吴光亮的带领下，肩负起了引进推广苹果新技术、提高果农的经济收入的重任。

走精品化道路、生产适销对路的产品是苹果产业稳定持续发展的必由之路。通过"政府引导＋科技支撑＋企业带动＋农户参与"的模式，吴光亮围绕有机、富硒、SOD苹果生产关键技术，聘请区农科院果树专家先后举办培训班50期，对果农进行统一的免费培训，免费为果农发放有机富硒肥、反光膜、套袋等农资，指导果农走标准化、精品化道路。通过示范带动800户果农走上了标准化生产道路，建立了质量追溯体系，果品产量及质量显著提高。

经过8年的不懈努力，如今，"南山阳光苹果"走出了宁夏、走出了国门、走向了世界，成为宁夏苹果一张亮丽的名片，"南山阳光商标"先后被自治区、中卫市授予"宁夏著名商标""宁夏特色优质农产品品牌""消费者信得过产品""宁夏百姓最喜爱品牌"等荣誉称号，企业也被自治区人民政府授予"农业产业化和重点龙头企业""自治区林业重点龙头企业"称号。

| 典型人物事迹感想： |
|---|
| |
| |
| 典型人物工匠精神总结凝练： |
| |
| |
| |
| |

## 任务1　生产计划

在师傅指导带领下，调查果园基本情况，制订企业苹果生产基地年度生产管理计划和目标任务分解。

## 【任务目标与质量要求】

制订企业苹果生产基地年度生产管理计划和目标任务分解，开展生产基地调查，收集资料，明确任务，以基地苹果物候期为顺序，确定全年生产计划，检查落实生产资料准备情况。

## 【学习产出目标】

1. 熟知果树生产相关名词概念，物候期及生长特点；主栽果树树种、品种特点；果树各阶段生长特点。

2. 制订果树周年管理计划。

3. 准备开展培训的相关材料。

4. 农资准备相关记录。

## 【工作程序与方法要求】

| | | |
|---|---|---|
| 调查果园基本情况 | 根据公司生产部生产目标，调查果园基本情况，为制订生产计划奠定基础。果园基本情况调查的内容：<br>（1）掌握苹果生长发育的基本资料和基本情况。如苹果物候期资料，果园主要病虫害发生规律，果园所在地气候资料及自然灾害发生时间、强度及危害情况，与苹果生长发育有关的土壤、水分及其他条件情况等。<br>（2）收集与苹果生产有关的技术标准，作为制订方案的依据。<br>（3）调查市场，掌握苹果销售市场对苹果及其生产技术的要求。 | 要求：清楚公司运营模式及生产目标，明确调查任务，调查要详细，表述要清晰。通过调研收集和掌握大量情报资料，作为制订生产计划的依据。 |
| 制订果园生产计划 | 根据果园调研的基本情况，由生产负责人组织技术员、生产工人并吸收销售人员共同制订果园生产计划。果园生产计划的内容：<br>（1）根据果园生产环境条件、技术能力及果品市场要求确定果品生产目标。<br>（2）根据标准要求，确定果园生产采用的生产资料。<br>（3）根据苹果物候期、病虫害发生规律、当年气候特点，按照相应的标准要求制定各单项技术全年工作历。<br>（4）按照综合性、效益性的原则，以各个物候期为单位，以物候期的演化时间为顺序，将单项技术全年工作历有机合并，选优组合，形成果园生产计划。 | 要求：果园生产计划项目齐全，工作措施明确，人员配置、成本费用准备充足，按标准准备资料及管理考核。 |
| 准备生产资料及培训工作 | 按照果园生产计划，准备生产资料，并检查资料准备是否符合标准、生产资料数量是否充足，做好入库登记，组织工人进行技术培训，按要求办理财务手续，严禁出错。 | 要求：准备资料数量充足，生产资料符合生产标准要求，做好生产资料记录，严禁出错。 |

## 【业务知识】

### 苹果生产综合技术管理方案的制订

综合技术管理方案，是苹果生产单位对生产过程中的一切技术活动如实施计划、组织、指挥、调节和控制等工作的总称。苹果生产综合技术管理方案的内容包括：技术措施项目与程序、技术革新、科研和新技术推广、制定技术规程和标准、果品采收标准与日程安排、生产设备运行与养护、技术管理制度等。

（1）根据苹果园生产环境条件、技术能力及果品市场要求确定果品生产标准，其等级由低到高依次是普通苹果、无公害苹果、A级绿色苹果和AA级绿色苹果。

（2）根据标准确定果园生产采用的生产资料，如农药、肥料、除草剂、生长调节剂的种类。

（3）确定苹果质量标准及适宜的产量指标，并依据质量标准和产量指标制订各单项技术管理计划，如施肥、灌溉、树体管理、花果管理等。综合技术管理计划中，植物保护应当列为很重要的一项内容。

植物保护的一个重要目标是实现"绿色食品"生产。防治病虫害，有效控制杂草生长，防治自然灾害发生和减灾救灾，是苹果生产中需要投入大量人力、物力的工作。提倡根据经验和中长期的病虫情况、天气预报，提早制订切实可行的技术措施，以预防为主，综合治理。目前新疆苹果生产的病虫害防治措施中，用化学药剂防治的已占80％～95％。科学的综合防治中生物防治应占20％～35％，农业防治占30％以上，而化学防治应降到30％以下。只有年初计划好，预先落实各项准备工作，才不至于临时采用"虫来治虫、病来治病"的喷洒化学药剂的措施。

树体管理是根据苹果的生长发育及结果习性，按照设定的标准对树体的结构进行调整，以实现丰产稳产的目的，这是苹果生产中技术性较强的一项工作。同时也是时效性较强的一项工作。树体管理工作计划的制订，应建立在掌握苹果年周期生长发育的规律及各阶段工作要点的基础上，做到高效、有序、不误农时。

（4）根据苹果物候期、病虫害发生规律、自然条件、资源状况、当年气候特点等，按照相应标准的要求，制定各单项技术全年工作历。

（5）按照综合性、效益性原则，以各个物候期为单位，以物候期的演化时间为顺序，将单项技术全年工作历有机合并，选优组合，形成综合技术方案。

## 【业务经验】

## 新疆苹果园全年管理工作历

| 月份 | 物候期 | 主要管理工作 |
|------|--------|------------|
| 1—2月份 | 休眠期 | （1）2月份开始冬季修剪，烧掉修剪下的病枝。<br>（2）病虫害防治：2月下旬前在果园架设频振式杀虫灯。<br>（3）视情况在树干地径处捆绑塑料薄膜裙或环，涂抹粘虫胶。 |
| 3月份 | 萌芽期 | （1）继续进行冬季修剪、开张树体工作。<br>（2）追肥：3月底追施有机复合肥。<br>（3）灌水：如冬季未灌水，此时需补灌水。<br>（4）病虫害防治：刮治腐烂病；烧毁刮下皮、病虫枝；3月中旬，在红蜘蛛、叶螨活动前解除树干基部捆绑的废塑料布、纸等束物并烧毁；3月中下旬，喷5波美度石硫合剂。 |
| 4月份 | 开花期 | （1）病虫害防治：继续防治腐烂病；4月上旬放置糖酸液，4月10日前安置迷向管，4月中下旬释放赤眼蜂；4月下旬防治春尺蠖；在4月下旬设诱捕器。<br>（2）花前喷施叶面肥。<br>（3）花期授粉：放蜂、人工辅助授粉、喷施硼砂肥＋糖液。<br>（4）松土保墒。 |
| 5月份 | 春梢生长期 | （1）疏果：5月上旬及时疏果、定果。<br>（2）病虫害防治：5月上旬预防红蜘蛛幼虫卵、食心虫、蚧壳虫等。<br>（3）夏剪：5月下旬开始夏季修剪（抹芽、低位扭枝、去顶促萌、去梢促壮、环割、强势抚养枝拿枝软化、环剥、扭梢）、整形拉枝。<br>（4）施肥灌水：5月上旬套袋前施花后叶面肥、补钙肥，适时灌水。<br>（5）套袋：5月下旬定果后及时套袋。 |
| 6—9月份 | 果实膨大期 | （1）继续夏季修剪、套袋。<br>（2）追施叶面肥。<br>（3）中耕除草。<br>（4）施肥：喷施叶面肥补充营养，7月上旬追施有机复合肥。<br>（5）病虫害防治：视情况防治红蜘蛛，8月份针对食心虫进行防治；8月中旬包裹果树纸防止害虫上树；8月中下旬树干基部捆绑废塑料布或卫生纸引诱越冬红蜘蛛成螨；9月底收回杀虫灯、诱捕器和迷向管。<br>（6）沤制基肥：开始收集各有机肥原料，并按科学配方沤制基肥。 |

续表

| 月份 | 物候期 | 主要管理工作 |
|------|--------|-------------|
| 10月份 | 果实采收期 | (1) 摘袋：10月上旬摘袋。<br>(2) 采收：10月底采收。<br>(3) 施肥：采后及早追施基肥。<br>(4) 深翻：采后至冬前果园进行深翻。<br>(5) 冬灌：10月下旬至土壤封冻前灌"封冻水"。 |
| 11—12月份 | 休眠期 | (1) 病虫害防治：11月中旬冬灌后涂白。检查果园，及时清理落果。<br>(2) 冬剪：11月中旬后至翌年3月上旬进行冬季修剪，及时烧掉修剪下的病枝。<br>(3) 及时刮下病皮、去除病虫害枝，并统一烧毁。 |

# 【工作任务实施记录与评价】

## 1. 苹果园气候条件调查

调查人：_____　　　　　　　　　　　　　　调查时间：_____

| 调查地点 | 年平均温度 | 最高温度 | 最低温度 | 初霜期 | 晚霜期 | 年降雨量 | 雨量分布情况 | 不同季节的风向风速 |
|---------|-----------|---------|---------|--------|--------|---------|------------|----------------|
|  |  |  |  |  |  |  |  |  |
|  |  |  |  |  |  |  |  |  |
|  |  |  |  |  |  |  |  |  |
|  |  |  |  |  |  |  |  |  |
| 灾害性天气说明 |  |  |  |  |  |  |  |  |

## 2. 苹果园基本情况调查

调查人：_____　　　　　　　　　　　　　　调查时间：_____

| 项目 | 果园名称或户主 | | |
|------|------|------|------|
|  |  |  |  |
| 果园面积 |  |  |  |
| 小区划分 |  |  |  |
| 道路设置 |  |  |  |

续表

| 项目 | 果园名称或户主 | | | |
|------|------|------|------|------|
| | | | | |
| 品种 | | | | |
| 授粉树配置 | | | | |
| 砧木 | | | | |
| 树龄 | | | | |
| 栽植距离 | | | | |
| 栽植方式 | | | | |
| 防护林 | | | | |
| 水源 | | | | |
| 排灌系统 | | | | |
| 建筑物 | | | | |
| 机械化程度 | | | | |
| 果树缺株情况 | | | | |
| 果园树体整齐度 | | | | |

### 3. 果园生产情况

| 基地或种植户 | 果园面积 | 去年产量 | 果园存在的主要问题 | |
|------|------|------|------|------|
| | | | | |
| | | | | |
| | | | | |
| 信息获取情况评价 | | | 评价成绩 | |
| | | | 日期 | |

### 4. 学徒关键职业能力及职业品质、工匠精神评价

| 项目 | A | B | C | D |
|------|------|------|------|------|
| 工作态度 | | | | |
| 吃苦耐劳 | | | | |
| 团队协作 | | | | |
| 沟通交流 | | | | |
| 学习钻研 | | | | |
| 认真负责 | | | | |
| 诚实守信 | | | | |

# 任务 2　萌芽前的管理

一年之计在于春，春季管理非常重要，而萌芽前的管理更是重中之重。苹果春季管理是全年的关键。在萌芽期采取一定的技术手法，对于枝条的生长势的调整、光照的改善、芽的萌发与转化可以起到很好的效果。同时，春季萌芽前又是各种病虫害防治的关键时期，有道是，"清园搞得好，全年病虫少"。另外，果树的萌芽、开花、坐果、春梢及抗寒性等，都与树体营养和树势有很大关系，因此春季还要注意肥水管理。所以，本阶段的管理重点是：刻芽拉枝、巧施追肥、灌水覆膜、防治病虫等。

## 【任务目标与质量要求】

在师傅的培训指导下，查看果园树体状况，制订整形修剪方案；准备并检查修剪工具，组织和指导种植户进行修剪工作，检查修剪质量；督促种植户清园；检修喷药器械，指导种植户进行病虫害预防工作。

## 【学习产出目标】

1. 熟知果树整形修剪相关概念（枝芽特性、修剪的原则和依据）、修剪时期、果树树形、修剪基本方法、修剪程序。

2. 果树修剪方案及修剪质量检查记录。

3. 果树整形修剪技术总结。

4. 检查（检修）记录单。

5. 农机具检查相关记录。

## 【工作程序与方法要求】

● 制订修剪方案

根据制订的工作计划，做好苹果树休眠期修剪方案，主要开展的工作包括：

（1）果园基本情况调查的内容：果园位置、果园面积、种植树种、品种、栽植模式、树龄、树形、树势等。

（2）制订修剪方案。

（3）根据劳动定额制订用工计划以及所需修剪工具、材料等，达到生产技术的要求。

要求：清楚调查项目，做好记录，明确修剪任务、工作措施、人员配置、成本费用、管理考核指标。

| | | |
|---|---|---|
| ● 落实方案 | 公司统一管理，企业师傅指导，由生产负责人组织技术员、生产工人，全员参与。<br><br>（1）幼树整形<br>主要任务：以整形为主，培养出符合丰产栽培要求的牢固骨架，促进树势健壮，增加枝量，扩大树冠，充分占领营养空间，合理利用光能，并且尽早进入结果期。<br>主要措施：根据种植密度选择合适的树形，依据树形标准，综合应用修剪方法，逐年完成整形工作。<br><br>（2）结果树<br>主要任务：控制树冠，改善树冠光照条件；稳定树势，精细修剪枝组。<br>主要措施：<br>①调整骨架，处理害枝　按照修剪方案疏除或回缩多余的骨干枝，处理妨碍树形、影响通风透光的辅养枝、株行间交叉枝、重叠枝，去除密生枝、病虫枝、竞争枝、徒长枝、轮生枝等有害大枝。<br>②分区按序，精细修剪　将全树以骨干枝为单位划分修剪小区，按照从上到下的顺序依次进行修剪。根据品种特性、树龄、长势、修剪反应、自然条件和栽培管理水平来确定修剪程度和修剪量。<br>③清理果园　将修剪下来的一年生枝、多年生枝、病虫枝等，全部清除出果园，整齐排码到果园外，集中烧毁，防治病虫害；将果园中的杂草全部清除出果园烧毁或进行深埋。<br>④查漏补缺　在全树平衡、分区修剪完成后应回头检查是否有漏剪或错剪之处，及时补充修剪。全树修剪完成后，应绕着苹果树从不同方位查看修剪结果，全树进行平衡，以提高修剪质量。 | 要求：修剪前检查并准备好工具，要求工具坚固、轻便，长期保持锋利、省力，严格按照修剪方案，并根据果树实际情况进行修剪；按照修剪流程进行，修剪工人必须是熟练工人。对于整个果园来说，没有遗漏未剪的；对于每一棵树，没有剪错、漏剪的。 |
| ● 灌水、保墒 | 根据当地实际情况，可适量灌水。浇水量宜掌握在水分下渗土中 30～50 cm 为宜，灌水方法采用沟灌、水肥一体化灌溉等。 | 要求：灌水适量。 |
| ● 病虫害防治 | （1）防治腐烂病　发现病斑应及时刮治，刮病斑时要刮干净，刀口刮出新茬，及时将刮下的病皮移出果园，进行烧毁。<br>（2）预防春尺蠖和红蜘蛛　3月中旬刮除树干上的老翘皮，在树干地径处捆绑塑料薄膜裙或环，也可涂抹粘虫胶，防止害虫上树产卵。<br>（3）及时清园　结合修剪清理枝条，将落叶、病枝及时清理出田间，进行集中烧毁，防止病虫传播。<br>（4）喷石硫合剂　喷布5波美度石硫合剂。 | 要求：以预防为主，根据气候及病虫害发生规律及时预防，药剂选择应符合绿色果品生产要求。 |

## 【业务知识】

### 果树修剪技术

**1. 修剪必备工具和材料**

（1）修剪工具　修枝剪、树撑、砖、梯子、高枝剪、手锯、电锯、刷子、塑料扎带、拉枝绳或细铁丝等。

（2）其他材料准备　果园树种、品种分布图及生长结果状况调研表；石蜡、油漆等消毒保护剂。

**2. 修剪中应注意的问题**

（1）剪口要整齐、平滑，疏剪时伤口要紧贴母枝并与之平行，不留树桩，以利于愈合，否则会引起腐烂，影响树势；下剪部位要在树杈的侧面和下面，修剪时不要摇动剪子，以获得最好的剪口，也可避免损坏剪子；锯大枝时，可分步锯下，以免损坏树皮或劈裂树干。

（2）进行细微修剪时，应使剪口均匀地分布在大枝上，使保留枝条分布均匀，以免对树势影响过大。

（3）注意果树修剪后的伤口处理。果树修剪后造成的伤口如被病菌侵染，易造成腐烂，故应对较大伤口进行保护。一般采用白漆或生熟桐油各半混合的油剂，或者液态蜡及松香油作保护剂，用小刷涂抹，以保护伤口不受污染及病虫侵害。

（4）修剪过程中注意安全。

## 【业务经验】

### 工具使用小窍门

正确使用修剪工具既能达到修剪目的，又可防止工具损坏。例如，使用修枝剪时，剪截小枝要使剪口迎着树枝分权的方向或侧方。剪较粗枝条时，应一手握修枝剪，另一手握住枝条向剪刃切下的方向柔力轻推，使枝条迎刃而断。剪口一般采用平剪口。寒冷地区冬剪时可在芽上 0.5～1.0 cm 处剪截，成为留桩平剪口。斜剪口能抑制剪口芽生长，但在严寒多风地区，常使剪口芽死亡。使用手锯时，锯除较细大枝可采用"一步法"，即用手将被锯枝托住，从基部一次锯掉，或者先在基部由下向上拉一锯口，深入木质部 1/4 左右，再由上向下锯掉枝条。锯除较粗的大枝，宜采用"两步法"。最后要求锯口上方紧贴母枝，下方较上方高出 1～2 cm。

# 【工作任务实施记录与评价】

## 1. 苹果园基本情况调查

调研人：＿＿＿＿＿＿　　　调研地点：＿＿＿＿＿＿　　　调研时间：＿＿＿＿＿＿

| 品种 | 种植密度 | 树形 | 预期产量 | 树势 | 修剪反应 | 花量 | 树冠郁闭情况 |
|------|----------|------|----------|------|----------|------|--------------|
|      |          |      |          |      |          |      |              |
|      |          |      |          |      |          |      |              |
|      |          |      |          |      |          |      |              |
|      |          |      |          |      |          |      |              |

## 2. 制订修剪方案

| 师傅指导记录 | 修剪方案质量评价 | 评价成绩 |
|--------------|------------------|----------|
|              |                  |          |
|              |                  | 日期     |
|              |                  |          |

## 3. 劳动力、用具等使用记录

| 日期 | 劳动力用量 | 修剪工具 | 其他材料 |
|------|------------|----------|----------|
|      |            |          |          |
|      |            |          |          |
| 检查质量评价 |     |          | 评价成绩 |
|      |            |          | 日期     |

## 4. 工作质量检查记录

| 日期 | 主要任务 | 具体措施 | 完成情况 | 效果 | 备注 |
|------|----------|----------|----------|------|------|
|      |          |          |          |      |      |
|      |          |          |          |      |      |
|      |          |          |          |      |      |
|      |          |          |          |      |      |
| 检查质量评价 |  |          |          | 评价成绩 |   |
|      |          |          |          | 日期 |     |

**5. 学徒关键职业能力及职业品质、工匠精神评价**

| 项目 | A | B | C | D |
|------|---|---|---|---|
| 工作态度 | | | | |
| 吃苦耐劳 | | | | |
| 团队协作 | | | | |
| 沟通交流 | | | | |
| 学习钻研 | | | | |
| 认真负责 | | | | |
| 诚实守信 | | | | |

# 任务 3　萌芽开花期管理

早春，随着气温的升高，当根系分布层土壤温度达到 2.5～3.5℃时，根系开始活动并吸收养分，6℃以上时根系开始生长，随着根系生长，树液开始流动，树体枝芽萌动，枝梢开始生长。在新疆，苹果树一般在 4 月上旬萌芽，4 月中下旬至 5 月上旬开花。此期是一年中干旱、风大、少雨、温度偏低的时期，该期的生产任务是花前复剪、灌水和疏花，以及防治病虫害等。

## 【任务目标与质量要求】

在企业师傅指导下，能够组织种植户进行花前复剪工作；按照周年生产管理计划，认真落实此期果园管理项目，督促完成果园中耕除草、平衡施肥、节水灌溉、果园生草、病虫害防治等工作；对果园出现的一般问题，及时进行分析和解决；确保各项工作管理质量。

## 【学习产出目标】

1. 熟练掌握花前复剪技术。
2. 完成果园中耕除草、春季施肥及灌水工作。
3. 选择合适的草种，在适宜的时期完成苹果园生草工作。
4. 根据公司生产计划，选择合适的保花保果措施。
5. 防治病虫害。

## 【工作程序与方法要求】

| | | |
|---|---|---|
| ● 修剪 | （1）花前复剪　即在花蕾显露至开花前调整花量的修剪。主要任务一是对冬剪遗留的病虫枝、干枯枝、密生枝等疏除或缩剪至适宜部位；二是对大年树的花量调整；三是对花量少的小年树、过密的无花枝和枝组进行疏除，以解决光照弱的问题，把长势较弱延伸过长的无花枝条适当回缩，可减少成花。<br>（2）刻芽促枝　用刀、剪或小锯条在芽的上方处刻横伤，深度达木质部，可促芽萌发，增加新枝，填空补缺。<br>（3）拉枝开角　春季树液流动后，根据树形要求，将枝条拉到适宜角度，可扩大树冠、缓和树势，解决光照弱的问题，促发短枝，是幼树早结果、早丰产的关键性措施。<br>（4）抹芽除梢　冬季疏枝后的剪（锯）口易发大量萌蘗，拉枝后的背上芽易形成直立徒长枝，应及时抹除。 | 要求：修剪时，规范使用工具，注意安全；要按标准操作，避免伤树；根据具体树体情况操作。 |
| ● 土肥水管理 | （1）中耕除草　中耕深度为 10 cm 左右。<br>（2）配方施肥　采用根部追肥，一般幼年苹果树每株 50 g，3～4 年的苹果树追施 50～100 g，5～6 年的生苹果树追施 150 g，大树追 250～500 g。也可对花芽过多的树或树势较弱的树，追施生物菌肥（150～200 kg/亩）、硫酸钾复合肥（50～100 kg/亩）加特种微肥（25～30 kg/亩）。<br>（3）灌水　土壤干旱时可于开花前浅浇 1 次。<br>（4）果园间作　在间作物的选择和种植过程中，注意间作物与苹果树不能出现争地、争肥、争水、争光，无共同病虫害，并具有较高的经济价值。因此在间作果园，间作物与果树要保持一定距离，且植株矮小、生育期短、与果树的肥水管理不矛盾，管理方便。<br>（5）树盘管理　对树盘下进行清耕，及时清除杂草。 | 要求：根据果园实际情况选择合适的方法及时进行管理，选择肥料种类符合绿色果品生产要求，间作物选择不能影响果树生产。 |
| ● 土肥水管理 | （1）果园放蜂　果园放蜂多采用人工饲养的商业蜜蜂或专用的壁蜂。在苹果中心花开放前 3～5 d，以傍晚投放效果最好。以 300～500 头/亩为宜。<br>（2）人工授粉　在全树花朵开放 60% 左右时，按照花粉液配方，制成糖尿花粉液。将配好的糖尿花粉液装入喷雾器中，喷前加入 10 g 硼酸，可提高花粉萌发率，配后立即喷布。每株树均匀喷布 0.15～0.25 kg。<br>（3）割（环剥）　旺树的花枝进行环剥或环割，可提高坐果率。 | 要求：按照生产要求进行保花处理。规范操作，以防伤树。 |
| ● 病虫害防治 | （1）消灭越冬病虫　喷施 3～5 波美度石硫合剂，消灭腐烂病、轮纹病、白粉病、小叶病等越冬的病虫。<br>（2）防治春尺蠖　在树干涂药或包扎塑料纸，阻隔害虫上树为害。<br>（3）防治白粉病、蚜虫、苹果小卷叶蛾　喷施 20% 粉锈宁 1 500 倍液＋80% 大生 M-45 800 倍液＋30% 桃小灵乳油 2 000 倍液＋25% 灭幼脲 3 号 1 500 倍＋0.3% 尿素。<br>（4）预防白粉病　结合抑芽促萌，对叶芽和过多的花芽及时处理，减少越冬的病原，减轻病害的发生程度。<br>（5）诱杀金龟子　果园使用糖醋液，或用处女雌成虫诱杀金龟子，也可人工捕杀，兼治早期的卷叶蛾等。 | 要求：以预防为主，选择药剂要符合绿色果品生产要求。 |

## 【业务知识】

### 果 园 生 草

**1. 果园生草的作用**

（1）改善果园小气候。

（2）改善果园土壤环境。

（3）有利于果树病虫害的综合治理。

（4）促进果树生长发育，提高果实品质和产量。

**2. 果园生草方法**

（1）草种选择　有灌溉条件的果园可选用白三叶草；无灌溉条件的果园可选用禾本科黑麦草。白三叶草产草量高、草层高度适中（一般为 30 cm）、木质纤维少、耐阴性强，且可喂养家畜，所以它是大部分果园理想的生草品种。

（2）播种时期及方法　春季和秋季均可播种。播种前，先把行间杂草彻底清除，然后行间种草，株间清耕。行间播宽 2 m 左右，播前深锄果园，每亩施磷酸二铵 10～12 kg、尿素 5～7 kg。把地整平搂好，然后每 0.5 kg 种子搅拌 10 kg 细沙，在行间撒匀，再用菜耙轻轻耙搂，或用扫帚轻扫一遍，或用锨背轻拍行间，使种子与土壤紧密接触。播深 0.5～1 cm，不能过深，否则会不出苗。

当三叶草出土后，拔除其他杂草，每逢降雨，每亩果园地追施尿素 5 kg，促使三叶草幼苗生长，一般秋季播种，当年不割草，从第 2 年开始，每年割两茬（花开前后），连割 5～7 年后，根系衰老，需翻耕草地，闲置一年后再另种。有的果园也可不割草，使其自生自灭。

把割下的草放在株间树盘下，腐烂分解后就是有机肥。果园种草是对清耕制的一次革命，如果种草失败，其果园内自然生长的杂草，除个别恶性杂草外，其余杂草均可保留。不管是种草或自然生草，都能形成立体植被，产生共生效应，对改善生态微环境、提高产量和改善果实品质都有重要作用。

## 【业务经验】

### 预防花期冻害的措施

苹果是异花授粉植物，自然条件下坐果率较低，一般不超过 15%，创造良好的授粉条件是提高坐果率的前提。如在建园时，应合理配置足够数量的授粉树；对花期风大的地区，要及早建造防护林，减少风害；对于晚霜频发区，通过春季灌水、树干涂白等方法可推迟苹果开花期。

在霜降来临前灌水可提高果园地温和树温。晚霜期间如有条件可采取喷灌，喷灌强度应相当于喷洒在地面上的水深 5 mm/h。于晚霜来临的当晚凌晨 3 点气温降至 −1℃时，采取果园熏烟，用作物秸秆和草类等物干湿交互成层堆积，点火后适当压土，使其不起火而烟雾漫布全园，每 150 m² 果园用 3 个烟堆，每个烟堆的直径约 1.5 m、高约 1 m，烟堆应设在微风的上风处，无风时则均匀分布，熏烟能使园内气温提高 2～3℃，可防治或减轻霜害。也可用烟雾剂，配方是锯末（经干炒或晒干）30%，细煤粉 35%，硝酸铵 25%，柴油 10%。制法是将上述材料充分拌匀，填入直径 35 cm 的纸筒，压实封口，中间放入 20 cm 长的麻炮火捻，上端盘成圈，筒外露出 4 cm 左右，供点火用。烟雾剂摆布：果园上风方向多布，下风向少布，第一排烟雾剂间距 10～20 m 放 1 个，第二排间距 20～30 m，第三排间距 150 m，在风速 1 m/s 时，每亩果园用量为 150 kg，增温稳定时间 40～60 min。

## 【工作任务实施记录与评价】

### 1. 生产计划落实

| 师傅指导记录 | 生产计划落实质量评价 | 评价成绩 |
|---|---|---|
|  |  |  |
|  |  | 日期 |
|  |  |  |

### 2. 劳动力、用具等使用记录

| 日期 | 劳动力用量 | 修剪工具 | 其他材料 |  |
|---|---|---|---|---|
|  |  |  |  |  |
|  |  |  |  |  |
| 检查质量评价 |  |  | 评价成绩 |  |
|  |  |  | 日期 |  |

### 3. 学徒关键职业能力及职业品质、工匠精神评价

| 项目 | A | B | C | D |
|---|---|---|---|---|
| 工作态度 |  |  |  |  |
| 吃苦耐劳 |  |  |  |  |
| 团队协作 |  |  |  |  |
| 沟通交流 |  |  |  |  |
| 学习钻研 |  |  |  |  |
| 认真负责 |  |  |  |  |
| 诚实守信 |  |  |  |  |

## 任务4　新梢生长与坐果期的管理

新梢生长与坐果期从坐果开始，经果实细胞分裂和组织分化，直到6月份生理落果结束、新梢停止生长。此期气温明显回升、光照充足、干燥少雨，幼果发育、春梢旺长同步进行，养分矛盾突出，肥水需求量大。生产任务是疏果、套袋、夏季修剪、灌水喷肥、中耕除草、防治病虫害、防治早期落叶等。

### 【任务目标与质量要求】

在师傅的指导下，按照生产标准和果园实际情况，科学确定留果量；组织和指导种植户进行保果工作，准确评价保果质量；组织和指导种植户进行疏果工作，准确评价疏果质量；督促种植户完成此阶段其他管理工作。

### 【学习产出目标】

1. 熟练掌握夏季修剪技术。
2. 完成果园中耕除草、施肥及灌水工作。
3. 根据生产计划，掌握科学确定留果量的方法。
4. 根据公司生产计划，完成苹果园疏果工作。
5. 选择合适的措施，防治病虫害。

### 【工作程序与方法要求】

●夏季修剪

（1）调整枝梢，改善光照　夏季修剪应及时疏除内膛影响光照的直立枝、徒长枝、外围过密枝及无空间的大、中型辅养枝，节约养分，拉枝开角，改善内膛光照条件，提高光能利用率，促进果实着色。

（2）调整生长与花芽形成关系的修剪

①增加旺枝芽量　对旺长的内膛新梢，5～8月份摘心2～3次，可控制生长，促进多发短枝，利于形成花芽，连续摘心也有类似效应。

②调整主侧枝角度　5—6月份，对幼树采用拿枝或撑、拉、吊等方法，以开张骨干枝角度，有利于花芽形成。

（3）扭枝　在5月下旬至6月上中旬新梢基部半木质化时，将直立新梢在基部5cm左右处，用手捏住条枝向下旋转180°，使其向下，可削弱生长势，能很快形成花芽。富士成花率约30%，金冠可达70%以上。

（4）环剥　促进花芽形成，可在5月下旬至6月上旬实施，过迟则效果不明显。环剥宽度以枝粗的1/10为宜。

要求：修剪时，规范使用工具，注意安全；要按标准操作，避免伤树；根据具体树体情况操作。

| 土肥水管理 | （1）中耕除草　中耕深度为 10 cm 左右。<br>（2）果园生草　果园生草可提高土壤中有机质含量，减少水土流失，改善土壤结构，增肥地力。根据当地的实际情况，选择合适的草种进行果园生草。对行间的生草，超过一定高度时要及时割除。<br>（3）追肥　6 月上中旬，采用环沟法、条沟法或放射沟施法每株追施沼渣 10～30 kg，以满足花芽分化和果实发育对肥料的需求。<br>（4）灌水及排涝　在 6 月中下旬至 7 月中下旬，新梢停长时，花芽开始形态分化，此时果实生长迅速，需要有充足的养分和水分。因此，要及时灌水，以促进花芽分化及果实发育。同时在地下水位较高的果园，还要注意排水。 | 要求：根据果园实际情况选择合适的方法及时进行管理，选择肥料种类符合绿色果品生产要求，间作物不能影响果树生产。 |
| 疏果、套袋 | （1）疏果、定果　谢花后 2～3 周，先疏除小果、病虫果、畸形果、偏斜果及过多的侧果；第 4～5 周再按不同树龄的目标产量将过多的侧果和过密的幼果疏除。<br>（2）果实套袋　小心除去附在幼果上的花瓣及其他杂物，然后用手托住纸袋，右手撑开袋口或用嘴吹开袋口，使袋体膨胀，袋底两角的通气放水孔张开。手执袋口下 2～3 cm 处，将果实放入袋内，使果柄置于袋口中央纵向切口基部，然后将袋口两侧按"折扇"方式折叠于切口处，用捆扎丝扎紧袋口。 | 要求：按照生产要求进行疏果、套袋处理。规范操作，以防伤树。 |
| 病虫害防治 | （1）卷叶蛾和蚜虫防治　苹果小卷叶蛾越冬出蛰盛期及第一代卵孵化期为化学防治的关键时期。使用的药剂为苏云金杆菌乳剂 1 000 倍液，或 25% 灭幼脲悬浮剂 2 000 倍液，或 20% 米满悬浮剂 1 000～2 000 倍液。确定越冬幼虫出蛰期施药的时间：果园内按对角线法确定 5 个点，每点 2 株树，在树冠中部各固定 20 个花芽，从苹果树萌芽开始，每 2 d 调查 1 次芽上的出蛰幼虫数。当累计出蛰率达 30% 且累计虫芽率达 5% 时用药。<br>（2）蚧壳虫防治　坐果与新梢生长期正值卵孵化后的若虫活动高峰，应喷 1 次 70% 吡虫啉水分散剂。<br>（3）桃小食心虫防治　根据虫情预测预报，地面喷施 40% 毒死蜱（如好劳力或安民乐）乳油 300～400 倍液，间隔 20 d 左右，连喷 2 次，消灭出土的幼虫。 | 要求：以预防为主，选择药剂要符合绿色果品生产要求。 |

## 【业务知识】

### 苹果树对水分的需求

树体的生长，营养物质的吸收、运输，光合作用及其产物的合成、运转，细胞分裂与膨大，物体温度的调节等所有生命活动都是在水的参与下完成的。因此，水是果树健壮生长、高产稳产、优质长寿的重要物质基础。

新疆属于典型的干旱区，年降水量较少、风多风大、地面蒸发量大，农业生产主要依靠灌溉。因此，在高效利用有限水资源的同时，还应从土壤管理着手，创造良好

的土壤环境，以满足苹果树对水分的需求，实现树势健壮、丰产优质。

水分是苹果树各器官的主要组成成分，参与养分吸收、运输，参与光合作用，同时根系吸收的水分的95％用于蒸腾消耗。

苹果年周期内的需水特点是由自身生长发育规律决定的，同时，自然降水的规律也会影响水分供求情况。

春季树体从休眠状态转入生长状态，根系开始活动，由于气温不高，根系吸收能力差，但随着根系的生长和气温的回升，苹果在开花坐果、新梢生长及果实膨大等物候期都需要充足的水分供应。春季是苹果树生长结果的关键期，必须保证土壤持水量在80％左右。5—6月份为新梢旺长期，随着温度迅速升高，果树叶面积剧增，营养生长需要消耗大量的水分，叶片蒸腾也需要大量水分，此阶段需水最多，并且此期苹果树对水分非常敏感，称为"需水临界期"。当果树生长进入花芽分化期，土壤持水量以60％～70％为宜；7—9月份，中晚熟品种进入加速生长期，加之气温较高，土壤蒸发量较大，此时缺水对果实产量有很大影响，须加强灌水和保墒，及时补水，使田间持水量保持在70％以上；后期气温下降，果实接近成熟，需水量逐渐减少，田间持水量可控制在60％～70％。休眠期苹果生命活动微弱，蒸腾面积较小，根系吸水功能减弱，故需水最少。

## 【业务经验】

### 果实套袋前的处理

果实套袋应在天气晴朗的上午或下午进行。选择产品价值较高的品种和生长健壮、树体结构合理、自然着色较好的树种，在套袋前严格进行疏花定果，并浇1次水，谢花后7～10 d喷1次保护性杀菌剂；套袋前2～3 d全园喷1次杀虫杀菌剂，有康氏粉蚧为害的果园，应同时加入25％螨蚧克1 500～2 000倍液，要注意选择无刺激性的药剂。套袋前3～5 d，将整捆果袋用报纸包好，埋入湿土中，以湿润袋体使之柔韧，也可在套袋前将纸袋口浸一下水。

## 【工作任务实施记录与评价】

**1. 制订疏果方案**

| 师傅指导记录 | 疏果方案质量评价 | 评价成绩 |
|---|---|---|
|  |  |  |
|  |  | 日期 |
|  |  |  |

### 2. 劳动力、用具等使用记录

| 日期 | 劳动力用量 | 修剪工具 | 其他材料 | |
|---|---|---|---|---|
| | | | | |
| | | | | |
| 检查质量评价 | | | 评价成绩 | |
| | | | 日期 | |

### 3. 工作质量检查记录

| 日期 | 主要任务 | 具体措施 | 完成情况 | 效果 | 备注 |
|---|---|---|---|---|---|
| | | | | | |
| | | | | | |
| | | | | | |
| | | | | | |
| 检查质量评价 | | | | 评价成绩 | |
| | | | | 日期 | |

### 4. 学徒关键职业能力及职业品质、工匠精神评价

| 项目 | A | B | C | D |
|---|---|---|---|---|
| 工作态度 | | | | |
| 吃苦耐劳 | | | | |
| 团队协作 | | | | |
| 沟通交流 | | | | |
| 学习钻研 | | | | |
| 认真负责 | | | | |
| 诚实守信 | | | | |

## 任务 5　果实膨大期至果实成熟期的管理

在果实膨大期至果实成熟期，细胞体积迅速增大，果实增大至固有的大小，进入成熟期，内含物逐渐转化，含水越来越多，淀粉转化为糖，苹果酸减少，原果胶转为可溶性果胶，果面着色，香味增加，种子变色，达到本品种固有的经济性状。在这一时期，果树有节奏地进行营养生长、养分积累、生殖生长，是养分生产和合理运用的关键时期。因此，这一段的主要任务是保护好叶片、抑制秋梢生长，为果实膨大和花

芽分化提供充足的营养。

## 【任务目标与质量要求】

按照生产标准和果园实际情况，选择合适的果袋，指导农户进行果实套袋，准确评价套袋质量；组织和指导种植户进行施肥、灌水、割草、中耕松土及生长季修剪等工作；准确评价修剪质量；根据果树品种特点，组织农户及时摘袋；按照生产标准和果园实际情况，组织和指导种植户进行摘叶、转果等促进果品增色工作，确保果品外观品质；组织和指导种植户准备工具，及时分批进行采收，轻拿轻放，确保果品品质；组织和指导种植户进行果品的分级、包装等采后处理工作，确保果品品质；做好病虫害的综合防治；督促种植户完成此阶段其他管理工作。

## 【学习产出目标】

1. 熟练掌握夏季修剪技术。
2. 完成果园中耕除草、割草、施肥及灌水工作。
3. 综合利用各种提质措施，使果品优质率达到80%以上。
4. 防治病虫害。

## 【工作程序与方法要求】

● 修剪

疏除密生枝、直立枝、重叠枝和竞争枝等，以增加光照，便于果实着色。

要求：修剪时，规范使用工具，注意安全；要按标准操作，避免伤树；根据具体树体情况操作。

● 土肥水管理

（1）追肥　结果树应在此期追施硫酸钾或氯化钾。追肥量为：初果期树每亩5 kg，盛果期树每亩30～40 kg。此期多追施钾肥和磷肥，控制氮肥的施用量，防止枝叶生长过旺，保证果实获取足够的同化物，增加果实品质。

（2）灌水　在果实膨大期，苹果树不能缺水，否则会影响果实品质，应设法适量灌水。在果实成熟期要注意控水，保持土壤干燥，避免果实含糖量降低，影响着色。

（3）中耕松土　坚持在雨后进行中耕松土，保持良好的土壤状态。

要求：根据果园实际情况选择合适的方法及时进行管理，选择肥料种类符合绿色果品生产要求。

| 果实管理 | （1）摘袋　红色品种一般在采收前 15～20 d 摘袋；较难上色的红色品种应在采收前 20～30 d 摘袋；黄绿色品种可不摘袋，采收时连同纸袋一起摘下，或采收前 5～7 d 摘袋。<br>（2）果实增色<br>①铺反光膜　摘除内袋后 1 周，立即铺设反光膜。在树冠两侧沿行向铺膜，膜边缘与树冠外缘对齐。用小土袋、砖块等将膜压实，防止被风卷起和刺破。<br>②摘叶　在果实着色期分 2～3 次进行。第一次在摘袋后即果实开始着色时，主要摘除直接影响果实着色的叶片，即果台基部叶和贴果叶；第二次摘叶和第一次摘叶相隔 10 d 左右，主要摘除中、长果枝下部叶片。一般摘叶量占总叶量的 10%～30% 为宜。<br>③转果　摘袋后 1 周左右转果 1 次，共转 2～3 次，在阴天或晴天下午将果实阴面转向阳面，促进全面着色。<br>④垫果　将泡沫胶带裁成大小不等的小方块，粘在与果实接触的枝条上，将果实垫起来，这样就可防止大风造成果面磨伤，影响果品外观质量。<br>（3）采收　选择晴天进行，采收时先采树冠外围和下部的果，后采上部和内膛的果，操作时要轻摘、轻装、轻卸，以减少碰、压等损伤。注意保护果梗，对于过长的果梗要剪到梗洼深处，以免果梗磨伤果肩和刺伤周围的果。<br>（4）采后处理　轻拿轻放，确保果品品质，将收获的果实根据形状、大小、色泽、质地、成熟度、机械损伤、病虫害及其他特性等，依据相关标准，分成若干整齐的类别，使同一类别的苹果规格、品质一致，果实均一性高。用清水漂洗，待清洗晾干后用石蜡类、天然涂被膜剂进行果品打蜡处理。经过分级、清洗、打蜡的果品进行包装。目前常用的包装为普通包装。随着苹果商品化程度的提高，果园经营者一方面应注重生产技术中的品牌和诚信意识；另一方面应在产品外观上形成鲜明的特色，精心设计包装，注重产品形象，强化市场意识，提高竞争能力。 | 要求：按照生产要求，提高果实品质；应按国家标准《鲜苹果》（GB/T 10651—008）进行采收及采后处理。规范操作，以防伤果。 |
| 病虫害防治 | （1）早期落叶病、轮纹病、红蜘蛛等防治　喷施 1：2：200 的波尔多液，在树干上绑草把诱捕害虫，入冬后解下烧掉。喷施大生 M-45 800 倍液或多菌灵 800 倍液＋0.3%～0.5% 磷酸二氢钾。<br>（2）轮纹病、苦痘病等防治　喷施大生 M-45 800 倍液或多菌灵 800 倍液。 | 要求：以预防为主，选择药剂要符合绿色果品生产要求。 |

# 【业务知识】

## 苹果病虫害综合防治的原则

病虫害综合防治的方针是预防为主，综合防治。制定综合防治措施的原则是安全、有效、经济、简便。"安全"指的是对人、畜、作物、害虫天敌及环境不产生损害和污染。"有效"指的是能大量杀伤病、虫或明显地降低病、虫的密度，达到保护农作物不受侵害或少受侵害的目的。"经济"是指花费成本低，防治效果好。"简便"是指能因地、因时制宜，方法简便易行，便于群众接受。具体地讲，有以下5点：

（1）制定综合防治措施时，要以农业防治措施为基础，充分发挥其他措施的作用。

（2）防治一种病虫害时可采用多种方法。

（3）在综合运用化学防治和生物防治时，要注意改进防治技术，特别是用药技术，使之既能杀死病虫，又能较大限度地保护天敌和发挥天敌的效能。

（4）在多种病虫同时发生时，应力求兼治，化繁为简。以一种防治措施尽可能地兼治多种病虫害。

（5）进行综合防治时，还应充分发挥各措施之间相辅相成的作用，注意各措施之间的衔接、互补，以提高防治效果。

## 【业务经验】

### 新疆常见生理病害的诊断与防治

**1. 苹果黄化病**

（1）识别诊断　苹果黄化病多表现在叶片上，尤其是新梢顶端叶片。初病时叶色变黄，叶脉仍保持绿色，叶片呈绿色网纹状。旺盛生长期症状明显，新梢顶部新生叶，除主脉、中脉外，全部变成黄白色或黄绿色。严重缺铁时，顶梢至枝条下部叶片全部变黄失绿，新梢顶端枯死，影响树木正常生长发育，导致早衰，抵抗力减弱，易受冻害。

（2）防治措施

①选用抗病品种和砧木。

②低洼果园注意排水，灌水压碱，减少土壤盐碱含量；增施有机肥，增强树势。

③于发芽前后叶面喷施有机铁肥（TP），7～10 d喷1次，共喷施2～3次。

④秋季结合施基肥将硫酸亚铁与腐熟的有机肥混合，挖沟施入根系分布的范围内。将硫酸亚铁1份粉碎后与有机肥5份混合施入，或于4月下旬至5月上中旬用TP有机铁120～180倍液＋0.3％尿素混合施用效果更好。

**2. 果锈病**

（1）识别诊断　果实表面产生黄褐色木栓化组织。发病轻时，锈斑主要分布在果面的中下部。严重时锈斑布满果面，果实表面粗糙、褐色铁锈状。果个小、果肉较硬、果实外观和内在品质变劣，商品价值降低。套袋苹果在萼洼处和梗洼处也易出现果锈。

（2）防治措施

①幼果期尽量使用安全性药剂，避免使用波尔多液等铜制剂、福美系列制剂、乳油剂型、含硫的杀菌剂、有效成分不明的药剂等。

②喷药时喷头不要离果面太近，选用雾化效果好的施药器械，不要使喷头压力过

大，以免对果面形成刺激。

### 3. 缩果病

（1）识别诊断　该病是缺硼所致。主要发生在果实上，严重时枝梢和叶片也表现异常。按发病早晚和品种不同分为果面干斑型、果肉木栓型、锈斑型。

（2）防治措施

①加强栽培管理，增施有机肥料　种植三叶草等绿肥改良土壤，注意果园排灌和保墒。

②根施硼肥　秋季结合施积肥，施入硼砂或硼酸。每株结果树混合施入硼砂150～200 g。施用有机肥要拌匀，施后浇水，防止产生药害；若用硼酸，每株用量应为50～70 g，根外追施。花前、花期及落花期各喷1次0.3%～0.5%硼砂液，落花后喷施时可混加0.3%的尿素。

## 【工作任务实施记录与评价】

### 1. 工作质量评价

| 师傅指导记录 | 工作质量评价 | 评价成绩 | |
| --- | --- | --- | --- |
| | | | |
| | | 日期 | |
| | | | |

### 2. 劳动力、用具等使用记录

| 日期 | 劳动力用量 | 修剪工具 | 其他材料 | |
| --- | --- | --- | --- | --- |
| | | | | |
| | | | | |
| 检查质量评价 | | | 评价成绩 | |
| | | | 日期 | |

### 3. 工作质量检查记录

| 日期 | 主要任务 | 具体措施 | 完成情况 | 效果 | 备注 |
| --- | --- | --- | --- | --- | --- |
| | | | | | |
| | | | | | |
| | | | | | |
| | | | | | |
| 检查质量评价 | | | | 评价成绩 | |
| | | | | 日期 | |

**4. 学徒关键职业能力及职业品质、工匠精神评价**

| 项目 | A | B | C | D |
|------|---|---|---|---|
| 工作态度 | | | | |
| 吃苦耐劳 | | | | |
| 团队协作 | | | | |
| 沟通交流 | | | | |
| 学习钻研 | | | | |
| 认真负责 | | | | |
| 诚实守信 | | | | |

# 任务6　采收后至落叶休眠期的管理

苹果采收后至第二年春季萌芽前的管理，对提高果实品质以及来年的树体生长、开花坐果、产量的提高均有重大影响。

## 【任务目标与质量要求】

督促种植户做好采后树体管理，为果树越冬打下基础；根据当地气候和果园实际情况，指导种植户做好果树休眠期树体管理工作；根据当年生产投入、果品质量、价格及销售情况，进行果园效益分析；撰写生产总结和工作总结；制订种植户培训计划，提高种植户生产管理能力。

## 【学习产出目标】

1. 掌握果树休眠的相关概念。
2. 掌握果树自然灾害相关概念，如抽干、冻害、霜冻等。
3. 掌握果园效益分析。
4. 掌握果品贮藏知识。
5. 撰写生产总结和工作总结。

## 【工作程序与方法要求】

| | | |
|---|---|---|
| ● 修剪 | 　疏除过密枝，疏除春、夏季未作处理的、着生在各部位的各类无效营养枝和枝组先端抽生的强旺枝条以及环剥、环割口附近的萌条。短截着生在内膛和背下部位的角度大、细弱下垂的营养枝，留用饱满芽以利于明年成花。对春"帽"夏"光杆"，连年缓放未成花的临时枝，秋剪回缩。多年生大、中型枝组和辅养枝，按空间大小进行秋剪回缩，或先疏除中部分枝，削弱梢头生长势，来年回缩。对生长势衰老的结果枝组，留2～3个分枝回缩复壮，当年既有成花可能，来年又不致旺长。继续拉枝、剪梢。 | 要求：修剪时，规范使用工具，注意安全；要按标准操作，避免伤树；根据具体树体情况操作。 |
| ● 土肥水管理 | 　(1) 秋施基肥　选择充分腐熟的有机肥秋施基肥，施肥量一般为幼年苹果树每株施25～50 kg，初果期每株施100～150 kg，盛果期每株施150～200 kg。<br>　(2) 清园，深翻改土　在果实采收后至休眠前，结合施基肥采用扩穴深翻、隔行深翻、全园深翻等深翻方式进行土壤的改良。深翻深度为30～40 cm。<br>　(3) 封冻水　果实采收后，树体进入营养累积阶段，应在采收后至土壤结冻前，结合秋季施基肥，充分灌水，以促进根系吸收，提高树体积累养分的水平，利于花芽分化和枝条成熟，提高果树越冬能力。采用全园灌溉或沟灌的方法，苹果树的需水量较大，要求地面淹水深15～20 cm。 | 要求：根据果园实际情况选择合适的方法及时进行管理，选择肥料种类符合绿色果品生产要求，封冻水一定要浇足。 |
| ● 病虫害防治 | 　(1) 杀菌保叶措施　采收后连续喷1～2次杀菌剂或叶面肥，以延长叶片的寿命，提高光合作用，利于果树的越冬。<br>　(2) 树干涂白　果树落叶至土壤结冻前，配制涂白剂涂刷树干和主枝，可减少或避免果树日烧和冻害，消灭树干裂皮缝内的越冬害虫，同时具有防寒等作用。涂白剂的配制比例为：生石灰5～6 kg、食盐1 kg、水12.5 kg、展着剂0.05 kg、动物油0.15 kg、石硫合剂原液0.5 kg。涂白剂的浓度以涂在树干上不往下流、不结疙瘩、能薄薄粘上一层为宜。<br>　(3) 彻底清园，深耕树盘。 | 要求：病虫害防治以预防为主，做好清园预防工作。 |
| ● 预防自然灾害 | 　(1) 防抽条　根据各苹果品种生态要求，做到适地适栽，选择合适的抗寒砧木嫁接的苹果苗，从品种选择上选用抗寒性良好的品种。<br>　(2) 预防冻害　加强栽培管理措施是防治冻害的关键。在肥水管理上，做好前促后控，前期追氮肥为主，后期磷钾肥为主，前期适当供水，后期控水与排水，使幼树早长、早停，增加树体贮藏营养，有利于安全越冬。适度密植，加强群体防护作用，可减轻冻害。加强四级修剪，控制过旺盛长，促进成花结果。加强越冬保护，在落叶后或入冬前，树干涂白或绑草，根颈处培土，冬剪伤口涂封保护剂。 | 要求：根据当地情况，合理地选择切实有效的预防措施，防止树体受伤害，进而影响产量及品质。 |

## 【业务知识】

### 果树抽条的主要原因

**1. 什么是抽条**

抽条又叫生理干旱或冻旱,是指幼树越冬后枝条干缩、死亡的现象,这在东北、西北部干旱、春风大的果区常有发生,而且相当严重,尤其 2～3 年生红富士苹果树,在其栽培北界附近,常遇寒流早袭,冬季温度过低或早春剧烈变温,常有抽条发生,轻者幼园植株参差不齐,严重者大部(地上部)死亡,全园报废。

**2. 抽条的主要原因**

抽条的主要原因是水分供应失调,即早春天气干燥、风速较大、持续时间长,地上部树体蒸发量大,但此时根际土壤尚未解冻,根系不能吸收水分向上运输,出现地上部与地下水分衔接不上,引起枝条失水过多。此外,也与品种差异、根系与砧木、栽培与树势有关,不同苹果品种抽条轻重差异明显,一般黄魁、红魁、祝光抽条较轻,国光、青香蕉、新红星居中,红富士、金冠较重。根系深广的植株抽条轻,反之则重,通常大树不抽条。很多的栽培技术也影响抽条的发生,如修剪过重、新梢旺长、贮藏养分少、生长势过弱、连年轻剪缓放的果树,以及偏施氮肥,灌水过多,过度干旱,病虫猖獗,种植在阴坡、洼地或风口处,大青叶蝉为害,杂草多的果园抽条严重。

## 【业务经验】

### 苹果树树体保护技术

对于大树、幼树冬季最常用的树体保护措施是树体涂白。树体涂白可杀菌、防止病菌感染、加速伤口愈合,以及杀虫、防虫。涂白能杀死树皮内的越冬虫卵和蛀干昆虫;防冻害和日灼,避免早春霜害。冬天,夜里温度很低;到了白天,受到阳光的照射,气温升高,而树干是黑褐色的,易于吸收热量,树干温度也上升很快,这样一冷一热,使树干容易冻裂。尤其是大树,树干粗、颜色深,而且组织韧性又比较差,更容易裂开。涂了石灰水后,由于石灰是白色的,能够使 40%～70% 的阳光被反射掉,因此树干在白天和夜间的温度相差不大,就不易裂开。此外,涂白还能延迟果树萌芽和开花期,防止早春霜害。具体制备方法如下:

生石灰 10 份,水 30 份,食盐 1 份,黏着剂(如黏土、油脂等)1 份,石硫合剂原液1 份,其中生石灰和硫黄涂白液具有杀菌治虫的作用,食盐和黏着剂可以延长作用时间,还可以加入少量有针对性的杀虫剂。先用水化开生石灰,滤去残渣,倒入已化开的食盐,最后加入石硫合剂、黏着剂等搅拌均匀。涂白液要随配随用,不宜存放时间过长。

新型涂白剂（又叫防虫涂料），现在有厂家生产粉末状涂白剂，具体功能增加了杀钻蛀性害虫的效果，主要成分类似涂料。这种工厂化生产的涂白剂相比传统的涂白剂使用更方便、更有利于储存，但成本略高。

注意事项：

（1）运用时要将涂白剂充分拌匀，尤其是石灰一定要充分熟化，切不可带有颗粒，否则会灼伤树体，必要时可过滤石灰乳以除掉残渣和其他颗粒杂物。

（2）涂白前，仔细检查树体是否有蛀干害虫为害，发现蛀孔应先用浸药棉签堵住蛀孔，封泥后再进行涂白。

（3）树干涂白高度以树干下部 1～1.5 m 为宜，可根据树体的高矮粗细程度把握，留意保持涂白高度一致，以利于整齐美观。

（4）涂白要均匀，确保树干和涂白剂充分黏合，尽量防止滴洒，否则会影响外观并造成浪费。

（5）树干涂白宜在土壤封冻前完成。

（6）涂白液要随配随用，注意安全，尤其是要做手、眼、脸的防护。

## 【工作任务实施记录与评价】

### 1. 果树病害发生及防治情况调查表

地点：_____　　　　　　调查人：_____

| 病害名称 | 调查日期 | 物候期 | 调查总株数 | 病株数 | 发病率 | 防治措施 | 防治效果 | 备注 |
|---|---|---|---|---|---|---|---|---|
|  |  |  |  |  |  |  |  |  |
|  |  |  |  |  |  |  |  |  |
|  |  |  |  |  |  |  |  |  |
|  |  |  |  |  |  |  |  |  |

### 2. 工作质量评价

| 师傅指导记录 | 工作质量评价 | 评价成绩 |
|---|---|---|
|  |  |  |
|  |  | 日期 |
|  |  |  |

**3. 劳动力、用具等使用记录**

| 日期 | 劳动力用量 | 修剪工具 | 其他材料 | |
|---|---|---|---|---|
| | | | | |
| | | | | |
| 检查质量评价 | | | 评价成绩 | |
| | | | 日期 | |

**4. 工作质量检查记录**

| 日期 | 主要任务 | 具体措施 | 完成情况 | 效果 | 备注 |
|---|---|---|---|---|---|
| | | | | | |
| | | | | | |
| | | | | | |
| | | | | | |
| 检查质量评价 | | | | 评价成绩 | |
| | | | | 日期 | |

**5. 学徒关键职业能力及职业品质、工匠精神评价**

| 项目 | A | B | C | D |
|---|---|---|---|---|
| 工作态度 | | | | |
| 吃苦耐劳 | | | | |
| 团队协作 | | | | |
| 沟通交流 | | | | |
| 学习钻研 | | | | |
| 认真负责 | | | | |
| 诚实守信 | | | | |

# 项目二
## 葡萄生产技术

## 【专业知识准备】

### 一、葡萄生产现状

据统计，近 5 年来世界葡萄栽培面积与产量基本维持稳定。截至 2016 年底，全球葡萄栽培面积达 751.6 万 $hm^2$，产量达 7 580 万 t，面积同比增长 0.01％，产量同比下降 1.94％，与 2012 年相比分别上浮 0.71％和 9.06％。2016 年世界葡萄栽培面积与产量依然趋向于优势生产国，其中西班牙、中国、法国、意大利、土耳其等 5 个国家的葡萄栽培总面积的全球贡献率达 50％，中国、意大利、美国、法国、西班牙等 5 个国家的葡萄总产量贡献率高达 55.3％。2014—2016 年，中国葡萄栽培面积及产量分别以年均 3.16％和 7.72％的速率递增，面积连续位居世界第二，产量连续排名第一。

2007—2016 年，中国葡萄栽培面积和产量整体呈上升的趋势。据中国统计年鉴最新数据显示，截至 2016 年葡萄栽培面积为 80.96 万 $hm^2$，同比下降 2.5％；产量达到 1 374.5 万 t，同比增加 0.6％。中国葡萄每公顷产量为 17 kg，相比 2007 年增长了 21.2％。

改革开放以来，中国葡萄产业依靠科技创新发展，颠覆了葡萄种植因南方地区高温高湿易感病而南不过长江和因北方地区寒冷不能安全越冬而北不过长城的传统观念，丰富的新优品种、科学先进的种植技术、现代化的设施装备手段，非适宜区也可以种出极优的葡萄，效益很高，已成为中国效益最好果树产业。

## 二、中国葡萄生产存在的问题

**1. 品种区域化工作滞后，品种结构欠合理**

由于我国在葡萄的品种区划方面从未开展过全国性的系统研究，无法科学地给葡萄种植者提供正确指导。加之新品种苗木炒作或盲目"跟风"种植，有些地区往往出现"一哄而上"的无序局面，不能"适地适栽"而造成损失的现象时有发生。品种单一、结构不合理问题突出，产品同质化现象严重。

**2. 无病毒优质良种苗木繁育体系建设滞后，苗木生产流通不规范**

长期以来，我国葡萄苗木繁育以个体经营为主，缺乏正规的、规模化的葡萄苗木生产企业，出圃苗木质量参差不齐。

**3. 生产标准化程度低，果品质量较差**

葡萄生产标准化程度低，缺乏区域性统一规范的操作标准，仍未建立起以生产优质、安全果品和以促进生态环境的改善和保护人类健康为目的的标准化葡萄栽培技术与管理体系。

**4. 葡萄产品质量和安全问题**

近年来，我国葡萄和葡萄酒的质量和安全方面虽有很大的进展，但面对国内外市场，葡萄产品质量仍是一个最为突出的问题。虽然近年我国葡萄有机、绿色果品生产迅速发展，但生产上滥用激素和农药的现象多有发生，部分产地仍存在食用品质安全问题。

## 三、商品化葡萄园生产情况

（一） 品种选择

在建园时，品种的选择是一项十分重要的工作。首先，应根据当地的生态条件和品种的适应性进行选择，每个品种对环境条件都有各自的要求，如无核白在高温、干燥环境中生长良好，而在湿度较大地区不适宜生长。其次，选择品种要根据当地的生产方向及市场需求来确定。

葡萄鲜食品种有全球红、美人指、巨峰、里扎马特、克瑞森无核、夏黑、木纳格（适合南疆）等；酿酒红色品种有赤霞珠、品丽珠、蛇龙珠、美乐、佳美、西拉、法国兰、黑皮诺、晚红蜜等，白色品种有霞多丽、雷司令、贵人香、白皮诺、白诗南、白玉霓等；制干品种有无核白、长无核白、和田红葡萄等。

（二） 集中连片

集中连片建园，便于经营管理、机械化作业和运用高新技术，迅速形成商品规模和生产基地，以扩大知名度，参与市场竞争。

（三） 规划设计

**1. 园址选择**

葡萄喜土层深厚，土质肥沃，透水性和保水性能良好，pH 5.8～7.5，具备完善的排灌水条件，地下水位在 1.5 m 以下的园地适合葡萄种植。

**2. 条田设置与平整**

葡萄种植行的一般设计长度为 80～100 m。

开沟前平整土地，平整条田按块进行，沿定植沟的方向保持水平平整，一般坡度要在 0.3‰ 以下。葡萄园的条田以长方形为好，长边应与主林带平行。

**3. 灌溉设置**

滴灌是近几年来迅速发展起来的一种节水、高效灌溉技巧，是经过滴头点滴的方法，缓慢地把水分送到作物根区的灌水方法。建议在建园时安装滴灌系统。

**4. 防护林及道路的设置**

在多风地区，防护林往往是种植葡萄成败的关键因素之一。林带设置应该遵循窄林带、小网络的原则。葡萄园林带以"一林两路"配置较好。主路一般宽 6～8 m，支道 4～5 m，便于车辆通行和作业。

（四）葡萄园栽植

葡萄种植行株距：长势中庸的品种宜采用双十字"V"形架，行距 2.5 m，株距 1.2～1.5 m，每亩栽 170～250 株。长势旺盛的品种宜采用棚架，行距 3 m，株距 1～1.5 m，每亩栽 150～220 株。

按株距要求在栽植沟中心线上标出栽植点，挖 30～40 cm 见方的栽植穴进行栽植。

爬地龙沟植：定植沟宽 0.5 m，沟深 0.5 m，埋土厚的地区，定植沟的表面应低于地表 0.2 m；株距 0.5 m（单爬地龙）或 1.0 m（双爬地龙），行距 2.2～2.5 m（埋土越厚，行距越大）。

（五）葡萄的架式与整形

**1. 架式与树形**

目前，葡萄栽培中架式种类很多，大体可归纳为篱架、棚架 2 大类。葡萄架式的选择是葡萄栽培的一项重要技术，它与诸多因素有关，主要依据品种生长结果习性、气象条件（温度、光照、降雨量和风等）、行距与架高之比等。生长势强的品种可选择棚架，生长势弱的品种宜选择篱架。光照强烈，降雨量稀少，干热风多的吐鲁番就多采用棚架（图 3-2-1、图 3-2-2）。

（1）"Y"形架（图 3-2-3）的优点

①通风透光良好，有利于葡萄品质提高；

②枝蔓角度开张，有利于削弱顶端优势，促进花芽分化，枝芽健壮；

③结果部位整齐，便于生产管理，果穗干净，成熟整齐，品质好；

④病虫害发生轻，减少了农药用量与污染；

⑤整形修剪简便，易于农民掌握，老人、妇女经培训后即可应用于生产，便于推广；

图 3-2-1　棚架

图 3-2-2　单沟双棚架

图 3-2-3　"Y"形架

⑥葡萄生长中庸，有利于连年丰产，合理修剪即可避免大小年结果现象；

⑦省工、省时、高效。

（2）爬地龙（图 3-2-4）的优点

①技术要求低，操作简单，能降低劳动强度；

②有利于机械化作业，提高效率；

③缩短了营养运输距离，延长植株寿命；

④架面通风透光，不利于病虫害的蔓延；

⑤结果部位整齐，成熟度一致，产品质量好；

⑥葡萄园整齐划一，风景美观。

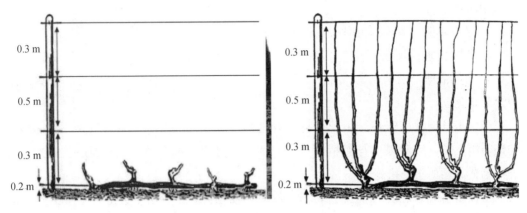

图 3-2-4　爬地龙示意图

**2. 修剪**

葡萄的修剪根据时期可分为休眠期修剪和生长期修剪（又称冬季修剪和夏季修剪）。

（1）休眠期修剪　冬季修剪可以维持良好的树形，使结果母枝分布合理，根据树势确定留芽量与剪枝量，依结果母枝的质量确定剪留长度，使生长与结果平衡，从而达到丰产、稳产。

冬季修剪时期上，应在埋土前完成修剪工作。以新疆为例，北疆多在 10 月初至 10 月下旬完成，南疆多在 10 月下旬至 11 月初完成，东疆地区多在 10 月下旬完成。把休眠期修剪推迟到第二年春天进行是不妥当的，这不仅会增加埋土难度，更严重的是造成大量新伤口，引起伤流，对生长和结果都不利。

①修剪的基本方法　葡萄的修剪必须与环境条件、使用架式、品种习性以及新梢成熟状况相适应。根据对结果母枝的剪留长度，可分为 5 种基本剪法。

a. 超短梢修剪：剪留 1 个芽，适用于龙干枝组修剪。

b. 短梢修剪：剪留 2～4 个芽，主要用于培养枝组和预备枝，具有萌芽成枝率高、枝组和结果部位稳定、不易外移等优点，但保留混合芽少。

c. 中梢修剪：剪留 5～7 个芽，作用介于短梢和长梢修剪之间。

d. 长梢修剪：剪留 8～12 个芽，具有保留结果部位多的特点，但萌芽和成枝率低、结果部位外移快。

e. 超长梢修剪：剪留 12 个芽以上。

②修剪中常见的问题

a. 树形不规范，主蔓留量过多。

b. 篱架向棚架过渡中延长蔓剪留问题。

c. 枝组分配不匀，结果部位上移、外移现象严重。

③修剪原则

a. 修剪时期：冬季修剪时期在埋土前。

b. 修剪要求：规范化树形、规范化修剪。

c. 修剪依据：根据产量、品种、树龄、树势、架式、行株距等确定修剪方案，修剪量要量化。

（2）生长期枝蔓管理　生长期枝蔓管理的主要作用是促进幼树早成形、早结果，控制新梢生长，缓和果实与新梢生长争夺养分，是提高坐果率、改善通风透光条件、提高葡萄品质的重要措施。

①枝蔓引缚　俗话说"三分剪，七分绑"，枝蔓引缚是一项十分重要管理工作，是冬季修剪的重要组成部分。当春季气温稳定在10℃以上时，撒除防寒物，将枝蔓引缚上架。

引缚时，对于长势较弱的新梢和多年生骨干枝上隐芽萌发的新梢，以及用于更新的新梢应直立向上引绑；长势中庸的结果新梢，成45°角倾斜引绑于上一层铁丝上；多主蔓扇整枝常采用倾斜引绑；长势强的新梢，顺铁丝拉成水平状引绑；强旺的枝蔓，弯曲成弓形引绑于铁丝上。

②抹芽与定枝　应及早进行，越早越节约养分。第1次抹芽在萌芽后，将多年生枝蔓上萌发的潜伏芽和结果枝上的弱芽、歪芽和三生芽中的副芽，以及过密的芽抹去。第2次抹芽应在上次抹芽后10 d左右进行，也可与定梢同时进行。除去上次多留的芽和后来又萌发的多余的芽。当新梢长到15～20 cm时，再进行一次除梢（定枝）工作。根据架面大小、树势强弱、品种、地区（温度、光照、降雨、风等）最后确定留枝数量。

③新梢摘心　花前2～6 d至始花期，此时正值新梢迅速生长、开花坐果之际，二者养分竞争，摘心可使养分较多地用于开花和结实。摘心后留下的叶片加速增大，加强了同化作用。所以在养分管理上，摘心既"节流"又"开源"。

④副梢处理　在摘心的同时即应进行副梢处理，葡萄主梢摘心会促进副梢的发生和旺长。副梢处理的作用与摘心基本相同，可改善光照，减少养分消耗，提高品质和产量，促进母枝成熟和花芽分化。

⑤花序处理　适当疏去过多或发育较小的花序，疏除预备枝上的花序，可节约营养，提高产量。对花序大、双穗率高的品种，健壮果枝留2穗果，一般留1穗果，弱枝不留果。其他果穗多的品种，可将枝条前部的小花序去掉。

掐花尖是在花前1周将花序顶端用手指掐去其全长的1/5至1/4。花序上花蕾数减少，可使果穗紧凑，果粒大小整齐，还能减轻落果。

⑥除卷须和引缚新梢　卷须消耗营养，应结合夏剪去掉。新梢长到40 cm左右时，须绑到架面上。绑蔓时应使新梢分布均匀，不要交叉。架面上可绑缚40％左右的新梢，

其余直立。

（六） 土肥水管理

**1. 土壤管理**

生草是果园土壤管理的一种重要技术措施（图 3-2-5）。

图 3-2-5　生草

（1）生草的优点

①保持和改良土壤理化性状，增加土壤有机质；

②保水、保肥、保土作用显著；

③种植园有良好的生态平衡条件，利于根系生长；

④便于机械化作业，管理上省工、高效。

（2）生草的缺点

①造成草类与葡萄在养分和水分上的竞争。

②不便于埋土防寒作业。

**2. 灌溉**

葡萄膜下滴灌技术集成模式是在传统栽培管理的基础上，将滴灌、地膜覆盖等技术集为一体的技术模式。根据示范区现有水井及其配套情况，合理安装水泵、过滤器、施肥罐等首部设施，根据地形及作物栽培情况布设主管道、支管道，在葡萄行间铺设滴灌管，平均 3 m 一带，并顺栽植行铺膜，膜宽 0.8 m，构成膜下滴灌施肥系统图 3-2-6。在葡萄生长期间适时、适量同步提供所需的水分和养分，为葡萄优质高产创造最佳的水、肥、气、热环境，实现增产、降本、提质、增效。

## 【典型人物案例】

在如今各行各业都讲究高效、快速发展的时代，匠人精神弥足珍贵，而能够从始至终都将这种精神贯彻下去的企业更是屈指可数，秋林集团就是其中之一。

秋林集团为了弘扬匠人精神，曾在山间建立一个葡萄庄园，请来擅长种植葡萄的农户来种植。在农户们的悉心照料下，那些葡萄幼苗生长出粗壮的藤条，结出红色的、紫色的、青色的，一串串圆润饱满的果实，再由专人挑选出上等葡萄，

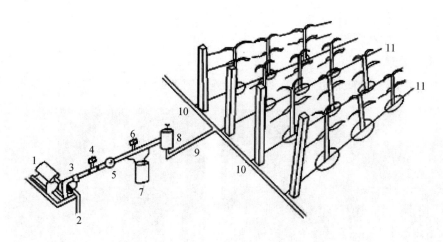

1.电机 2.吸水管 3.水泵 4.流水调节阀 5.水表 6.调节阀 7.化肥罐

8.过滤器 9.干管 10.支管 11.毛管

**图 3-2-6 葡萄园滴管系统示意图**

送去酒厂进行酿造。

懂红酒的人都知道，红酒中的佳品都是"七分原料、三分工艺"。如果葡萄的品质不好，即便拥有最先进的酿造技术，也会影响葡萄酒的风味、气味、典型性等，而缺失其中任何一个条件的葡萄酒，都不能被称为上等酒品。

秋林集团始终认为，如果对任何一道工序将就，都无法酿造出上等葡萄酒。在这种专业、求精的态度下，秋林集团的葡萄酒也得到了市场的肯定。

| 典型人物事迹感想： |
| --- |
| |
| |
| 典型人物工匠精神总结凝练： |
| |
| |
| |

# 任务 1 生产计划

在企业师傅指导带领下，制订葡萄年度生产计划和目标任务分解，研究制订本部门、本片区葡萄生产工作计划、年度培训计划，与种植基地单位或种植户沟通检查落实生产资料和设备的准备情况。

# 【任务目标与质量要求】

制订葡萄年度生产计划和目标任务分解；研究制订本部门、本片区葡萄生产工作计划；检查落实生产资料和设备的准备情况。

# 【学习产出目标】

1. 了解葡萄出土前后主要作业流程与质量要求。
2. 制订葡萄年度生产工作计划。
3. 熟知需要准备的生产资料。
4. 制订维修农机具计划。
5. 完成月度工作质量检查记录。

# 【工作程序与方法要求】

| | | |
|---|---|---|
| 调查果园基本情况 | 根据公司生产部生产目标，调查葡萄园基本情况，为制订生产计划奠定基础。葡萄园基本情况调查的内容：<br>（1）葡萄园的基本资料和基本情况，如葡萄物候期资料，果园主要病虫害发生规律，葡萄园所在地气候资料及自然灾害发生时间、强度及危害情况，与葡萄生长发育有关的土壤、水分及其他条件情况等。<br>（2）收集与葡萄生产有关的技术标准作为制订方案的依据。<br>（3）调查市场，掌握葡萄销售市场对葡萄及其生产技术的要求。 | 要求：清楚公司运营模式及生产目标，明确调查任务，调查要详细，表述要清晰。 |
| 制订果园生产计划 | 根据葡萄园调研的基本情况，由生产负责人组织技术员、生产工人并吸收销售人员共同制订葡萄园生产计划。葡萄园生产计划的内容：<br>（1）根据果园生产环境条件、技术能力及果品市场要求确定葡萄生产目标。<br>（2）根据标准要求，确定葡萄园生产采用的生产资料。<br>（3）根据葡萄物候期、病虫害发生规律、当年气候特点，按照相应的标准要求制订各单项技术全年工作历。<br>（4）按照综合性、效益性的原则，以各个物候期为单位，以物候期的演化时间为顺序，将单项技术全年工作历有机合并，选优组合，形成葡萄园生产计划。 | 要求：葡萄园生产计划项目齐全，工作措施明确，人员配置、成本费用准备充足，按标准准备资料及管理考核。 |

| 准备生产资料及培训 | 按照葡萄园生产计划，准备生产资料，并检查资料准备是否符合标准，生产资料数量是否充足，做好入库登记，组织员工进行技术培训工作，做好种植基地或种植户的培训和观摩计划。按要求办理财务手续，严禁出错。 | 要求：准备资料数量充足，生产资料符合生产标准要求，做好生产资料记录，严禁出错。 |
| --- | --- | --- |

## 【业务知识】

## 一、生产中如何熬制石硫合剂

石硫合剂是石灰硫黄合剂的简称，是由生石灰、硫黄加水熬制而成的一种深棕红色（酱油色）透明液体，主要成分是多硫化钙。它是一种既能杀菌又能杀虫、杀螨的无机硫制剂，对果树安全可靠、无残留，不污染环境，病虫不易产生抗性，因此常作为果园清园的药剂。石硫合剂具有强烈的臭鸡蛋气味，呈强碱性，性质较不稳定，遇酸易分解。一般来说，石硫合剂不耐长期贮存。

熬制石硫合剂常用的配料比：优质生石灰∶细硫黄粉∶水＝1∶2∶13（一次性加全部水时，在熬制过程中不用再加水）。熬制方法是先将规定用量的水在生铁锅中烧热至烫手（水温40～50℃），立即把生石灰投入热水锅内，石灰遇水后消解放热成石灰浆。烧开后把事先用少量温水（水从锅里取）调成糊糊状的硫黄粉慢慢倒入石灰锅中，边倒边搅，边煮边搅，使之充分混匀，记下水位线。注意要加几块小石头，防止沸腾溢锅。用大火加热熬制，煮沸后开始计时，保持沸腾40～60 min，待锅中药液由黄白色逐渐变为红褐色，再由红褐色变为深棕红色（酱油色）时立即停火。熬制好的原浆冷却后，用双层纱布滤除渣滓，滤液即为石硫合剂原（母）液。原液呈强碱性，会腐蚀金属，宜倒入瓷缸或塑料桶中保存。

熬制过程中应注意如下问题：

（1）熬煮时一定要用瓦锅或生铁锅，不可用铜锅或铝锅，锅要足够大。

（2）熬制石硫合剂要抓好原料质量环节，尤以生石灰质量好坏对原液质量影响最大。所用的生石灰要选用新烧制的，洁白、手感轻、块状无杂质，不可采用杂质过多的生石灰及粉末状的消石灰。硫黄粉要黄、要细。

（3）熬煮时要大火猛攻且火力均匀，一气熬成。要注意掌握好火候，时间过长往往会损失有效成分（多硫化钙），反之，时间过短同样降低药效。

（4）熬制好的药液呈深棕红色，透明，有臭鸡蛋气味，渣滓为黄带绿色。若原料上乘且熬制技法得当，一般可达到21～28波美度。

## 二、石硫合剂使用中应注意的事项

**1. 忌直接接触**

石硫合剂对人的眼睛、鼻黏膜、皮肤有一定的刺激性。在熬制原液和施用时，应避免皮肤和衣服沾染药液；喷雾器使用后及时用清水冲洗。

**2. 忌随意提高使用浓度**

忌随意提高使用浓度，应根据气候条件与施用对象确定浓度。休眠期和早春，施用 3～5 波美度药液，生长期一般控制在 0.1～0.5 波美度。有些树种对硫黄粉较敏感，如李、梨、桃、葡萄等，在生长旺盛期，不宜施用石硫合剂，以免发生药害。夏季气温高于 32℃、早春气温低于 4℃ 时不宜施用。

**3. 不可随意混用**

石硫合剂呈碱性，不能与有机磷农药及其他忌碱性农药以及铜制剂、波尔多液混用，以免发生药害。如需配合使用，需要有足够的间隔期。

**4. 忌长期连用**

长期施用石硫合剂会使病虫产生抗药性，施用浓度越高产生抗药性越快，应与其他高效、低毒的农药科学轮换、交替使用。

**5. 忌长期保存**

熬制的石硫合剂原液应一次用完，不宜长期保存。如需保存，应选用塑料桶、陶罐、瓦罐等小口容器密封保存，不宜使用铜、铝器皿盛放。

若在液面滴少许机油或食用油，使之与空气隔绝，可适当延长保存期，但仍不能长久保存。

【业务经验】

## 北疆葡萄全年管理工作历

| 月份 | 物候期 | 主要工作内容 | 主要技术措施简述 | 备注 |
|---|---|---|---|---|
| 1—3 月份 | 休眠期 | （1）做好农资储备<br>（2）整修架材<br>（3）培训与学习 | （1）备好有机肥料和化肥、农药等生产资料，修理农具和药械。<br>（2）扶正架杆，布好架面铁丝，并用紧线器拉紧。 | |
| 4 月份 | 萌芽及新梢生长期 | （1）葡萄开墩除土<br>（2）出土上架、绑蔓及整修园地 | （1）应分次将防寒土撤除，勿碰伤枝芽。<br>（2）葡萄出土后趁枝蔓柔软尽早上架摆布、均匀绑蔓。清理葡萄沟，平整地面，修整畦埂，疏通渠道或滴灌系统。 | 根据天气变化，葡萄开墩出土可在4月中下旬进行。上年霜霉病发生较重的葡萄园应喷洒波尔多液。 |

续表

| 月份 | 物候期 | 主要工作内容 | 主要技术措施简述 | 备注 |
|---|---|---|---|---|
| 4月份 | 萌芽及新梢生长期 | (3) 喷洒农药<br>(4) 追肥浇水 | (3) 当芽眼鳞片开裂膨大成绒球时，喷3～5波美度石硫合剂，消灭越冬病虫，可预防常见的毛毡病。<br>(4) 上架后灌1次透水，上年基肥不足或产量高的葡萄园应结合灌水追施尿素，辅以少量的磷钾肥。施肥量占全年肥料用量的1/3左右。 | |
| 5月份 | 新梢生长及开花期 | (1) 抹芽<br>(2) 绑梢<br>(3) 定梢<br>(4) 去卷须<br>(5) 结果枝摘心<br>(6) 发育枝摘心<br>(7) 追肥灌水<br>(8) 病虫害防治 | (1) 抹除老蔓隐芽、副芽、弱芽、瘪芽、畸形芽和位置不正、方向不好的芽。<br>(2) 当新梢长到30～40 cm时要及时绑缚，枝蔓间距20 cm左右。<br>(3) 绑梢过程中疏除徒长、过密枝条及部分过密、残弱营养枝，选留部分粗壮、花序好的新梢，留枝量适宜。<br>(4) 及时去除卷须。<br>(5) 开花前5～6 d，抹去花序以下全部副梢，花序以上4～6叶处摘心，二次副梢留1～2叶摘心，顶端二次副梢留3～4叶摘心。<br>(6) 发育枝留8～10片叶摘心，顶端二次副梢留2～3叶摘心，延长枝在12～15叶处摘心。<br>(7) 在葡萄开花后，结合灌水追施磷肥，辅以氮钾肥。肥料用量占全年用量的1/2左右。灌水后中耕除草。<br>(8) 根据病虫害发生情况喷洒农药。 | 对需要进行赤霉素处理的有核葡萄，可在开花前1周左右进行，用药浓度5～10 mg/L；无核葡萄用药浓度50～70 mg/L，以拉长果穗。此时易出现白粉病、毛毡病、霜霉病、斑叶蝉和白星花金龟等病虫害，应早发现、早防治。 |
| 6月份 | 开花及果实膨大期 | (1) 结果枝和发育枝摘心<br>(2) 疏穗<br>(3) 掐穗尖<br>(4) 灌水<br>(5) 套袋<br>(6) 病虫害防治 | (1) 三次副梢留1～2片叶摘心。<br>(2) 疏去过多的花穗。弱枝不留穗，中庸枝留1穗，部分健壮果枝留2穗。<br>(3) 掐去花序末端1/5至1/4，剪掉歧肩和副穗。<br>(4) 根据土壤与天气情况，灌水2～3次，保证果实膨大。<br>(5) 整穗后用葡萄专用袋套袋。<br>(6) 及时防治病虫害，此时易发生斑叶蝉、霜霉病、白粉病、毛毡病等病虫害。 | 有些葡萄品种开花期在6月上中旬。无核葡萄的第2次赤霉素处理时期在6月上旬，浓度100～120 mg/L。注意防治白粉病、霜霉病、灰霉病、斑叶蝉。 |

续表

| 月份 | 物候期 | 主要工作内容 | 主要技术措施简述 | 备注 |
|------|--------|--------------|------------------|------|
| 7月份 | 果实膨大期 | (1) 摘心<br>(2) 施肥灌水<br>(3) 叶面喷肥<br>(4) 病虫害防治 | (1) 对结果枝、发育枝的多次副梢摘心，以后发出的副梢不再保留。<br>(2) 灌水2～3次，在葡萄着色前，结合灌水追施以磷钾肥为主的速效肥，每亩8～10 kg，及时中耕除草。<br>(3) 叶面喷施0.3％～0.5％磷酸二氢钾，促进葡萄糖度增加和枝蔓成熟。<br>(4) 根据病虫害发生情况进行防治。 | 防治白粉病、霜霉病、灰霉病、斑叶蝉。 |
| 8月份 | 果实膨大期与成熟期 | (1) 病虫害防治<br>(2) 施肥灌水 | (1) 如发现有霜霉病、白腐病等病害，喷药进行防治。<br>(2) 叶面喷洒0.3％～0.5％磷酸二氢钾，促进枝条成熟和果实着色。<br>(3) 根据土壤与天气情况，灌水1～3次。 | 早、中熟葡萄品种成熟，停止用药，进行采收、分级包装销售。 |
| 9月份 | 果实成熟期与枝蔓成熟期 | (1) 去袋<br>(2) 摘老叶<br>(3) 采收<br>(4) 分级包装与销售 | (1) 去袋，促进着色与成熟。<br>(2) 摘除贴近果穗的老叶、黄叶，也可增糖促色。<br>(3) 根据果穗成熟情况，可分批采收，确保质量。<br>(4) 按果穗大小、果粒大小、着色度分级包装销售。 | 中熟、晚熟葡萄成熟。 |
| 10月份 | 枝蔓成熟期 | (1) 秋施基肥<br>(2) 浇灌冬水<br>(3) 冬季修剪<br>(4) 下架与埋土防寒<br>(5) 清洁果园 | (1) 果实采收后施入3 000～5 000 kg/亩腐熟有机肥，并加入适量的过磷酸钙、复合肥等。<br>(2) 施肥后浇足冬水，以防冬季冻害及早春干旱。埋土前喷洒3～5波美度石硫合剂。<br>(3) 据当年产量和植株生长状况，依品种特性按照选定的树形进行冬剪。剪后将枝蔓下架，顺势放在葡萄沟中进行埋土。在土壤封冻前完成埋土工作，注意从行间取土，土块拍碎，埋严枝蔓，垒成垄状，拍实，埋土厚度30 cm以上，也可分次加厚。<br>(4) 将剪下的枝条、落叶、病残果清扫，然后焚烧、运走或深埋，减少病原。防止鼠兔啃咬。 | 一般从10月中旬开始埋土防寒，10月底完成。 |

续表

| 月份 | 物候期 | 主要工作内容 | 主要技术措施简述 | 备注 |
|---|---|---|---|---|
| 11—12月份 | 休眠期 | （1）检查埋土防寒情况<br>（2）来年生产准备 | （1）随时检查埋土防寒情况，发现土少要加厚，有缝隙、孔洞要补土拍严，防止鼠兔为害。<br>（2）为来年生产做各项准备工作。 | |

# 【工作任务实施记录与评价】

**1. 葡萄生产成本计算表**

（1）农产品收入

①农产品总收入＝主产品收入＋副产品收入。

②主产品收入＝已出售农产品的现金收入＋未出售农产品的估价收入。已出售主产品的收入按实际出售价格计算。未出售主产品按照同等质量的主产品大量上市时的市场平均价格计价估算收入。

③副产品收入指已出售副产品的收入和有用副产品的估价收入，未出售的有用副产品按其替代产品价值估算收入，无用副产品不计算收入。

（2）葡萄每公顷生产总费用

①每公顷物质费用＝直接物质费用＋间接物质费用；

②每公顷人工费用＝（直接用工＋间接用工）×工价；

③每公顷总费用＝每公顷物质费用＋每公顷人工费用。

（3）主产品成本计算　在计算了收入和各项费用之后，就可以进行成本计算。在计算成本时，由于副产品一般无用，因此，可以不考虑副产品收入。直接用葡萄总产量和葡萄生产总费用来计算主产品成本。

主产品成本计算可以通过成本计算表来完成。

计算出葡萄生产成本之后，即可以在农户之间进行比较分析，比较生产技术的先进与落后，管理的合理与否，从而吸取经验教训，改进经营管理，追求更高的效益。

**葡萄生产成本计算表**

| 项目 | | 计量单位 | 符号 | 成本 | 备注 |
|---|---|---|---|---|---|
| 面积 | | hm² | $A$ | | |
| 单产 | | kg | $B$ | | |
| 总产 | | kg | $C$ | | |
| 人工费用 | 用工数 | 个 | $D_1$ | | |
| | 工价 | 元/个 | $D_2$ | | |
| | 人工价 | 元 | $D$ | | |

续表

| 项目 | | 计量单位 | 符号 | 成本 | 备注 |
|---|---|---|---|---|---|
| 物质费用 | 苗木 | 元 | $E_1$ | | |
| | 肥料 | 元 | $E_2$ | | |
| | 农药 | 元 | $E_3$ | | |
| | 机械作业费 | 元 | $E_4$ | | |
| | 排灌作业费 | 元 | $E_5$ | | |
| | 畜力作业费 | 元 | $E_6$ | | |
| | 其他直接费 | 元 | $E_7$ | | |
| | 农业共同费 | 元 | $E_8$ | | |
| | 管理费和其他支出 | 元 | $E_9$ | | |
| 生产总成本 | | 元 | $E$ | | |
| 副产品成本 | | 元 | $F$ | | |
| 主产品成本 | | 元 | $G$ | | |
| 主产品单位成本 | | 元/kg | $H$ | | |
| 主产品平均售价 | | 元/kg | $I$ | | |
| 主产品利润 | | 元/kg | $N$ | | |

注：$D = D_1 \times D_2$；

$E = E_1 + E_2 + E_3 + E_4 + E_5 + E_6 + E_7 + E_8 + E_9$；

$H = E \div C$。

### 2. 葡萄园基本情况调查

调研人：＿＿＿＿＿＿＿＿　　　调研地点：＿＿＿＿＿＿＿＿　　　调研时间：＿＿＿＿＿＿＿＿

| 品种 | 种植密度 | 树形 | 预期产量 | 树势 | 修剪反应 | 花量 | 树冠郁闭情况 |
|---|---|---|---|---|---|---|---|
| | | | | | | | |
| | | | | | | | |
| | | | | | | | |
| | | | | | | | |

### 3. 劳动力、用具等使用记录

| 日期 | 劳动力用量 | 修剪工具 | 其他材料 | |
|---|---|---|---|---|
| | | | | |
| | | | | |
| 检查质量评价 | | | 评价成绩 | |
| | | | 日期 | |

### 4. 物资采购及用工登记表

| 采购日期 | 物资名称 | 厂家 | 采购途径 | 规格 | 单价 | 运费 | 小计 | 备注 |
|---|---|---|---|---|---|---|---|---|
|  |  |  |  |  |  |  |  |  |
|  |  |  |  |  |  |  |  |  |

| 用工日期 | 工数 | 单价 | 小计 | 备注 |
|---|---|---|---|---|
|  |  |  |  |  |
|  |  |  |  |  |
|  |  |  |  |  |

### 5. 临时工做工统计表

公司名称：_____          基地名称：_____

工资发放时间：___年___月___日          页码：第___页 共___页

本页金额合计：_____          共计：_____

| 姓名 | 项目 | 1 | 2 | 3 | 4 | 5 | 6 | 7 | 8 | 9 | 小计 | 签字 |
|---|---|---|---|---|---|---|---|---|---|---|---|---|
|  | 工作内容 |  |  |  |  |  |  |  |  |  |  |  |
|  | 工资标准 |  |  |  |  |  |  |  |  |  |  |  |
|  | 金额 |  |  |  |  |  |  |  |  |  |  |  |
|  | 工作内容 |  |  |  |  |  |  |  |  |  |  |  |
|  | 工资标准 |  |  |  |  |  |  |  |  |  |  |  |
|  | 金额 |  |  |  |  |  |  |  |  |  |  |  |
| 合计 |  |  |  |  |  |  |  |  |  |  |  |  |

### 6. 工作质量检查记录

| 日期 | 主要任务 | 具体措施 | 完成情况 | 效果 | 备注 |
|---|---|---|---|---|---|
|  |  |  |  |  |  |
|  |  |  |  |  |  |
|  |  |  |  |  |  |
|  |  |  |  |  |  |
| 检查质量评价 |  |  |  | 评价成绩 |  |
|  |  |  |  | 日期 |  |

**7. 学徒关键职业能力及职业品质、工匠精神评价**

| 项目 | A | B | C | D |
|---|---|---|---|---|
| 工作态度 | | | | |
| 吃苦耐劳 | | | | |
| 团队协作 | | | | |
| 沟通交流 | | | | |
| 学习钻研 | | | | |
| 认真负责 | | | | |
| 诚实守信 | | | | |

# 任务 2　萌芽前的管理

## 【任务目标与质量要求】

在师傅的培训指导下，查看果园树体状况；适时出土葡萄；根据葡萄树形，合理规范葡萄枝蔓；准备并检查修剪工具；检查修剪质量，组织和指导种植户进行花前复剪工作；督促种植户清园；检修喷药器械；指导种植户进行病虫害预防工作；及时进行萌芽前追肥和灌溉。

## 【学习产出目标】

1. 熟知葡萄生物学特性、主要架式和树形特点。

2. 修整葡萄架面。

3. 适时出土葡萄。

4. 合理规范葡萄枝蔓。

5. 喷洒石硫合剂，进行病虫害预防工作。

6. 确定萌芽前施追肥、灌溉用量和施用时间。

## 【工作程序与方法要求】

| | | |
|---|---|---|
| ● 修整葡萄架面 | (1) 调查架面整体损坏情况，准备材料。<br>(2) 扎紧铁丝，对倾斜、松动的立柱必须扶正、埋实。<br>(3) 用牵引锚石或边撑将边柱扶正。<br>(4) 如果有铁丝锈断，须及时补设。 | 要求：架面支架、铁丝每年必须修整。 |
| ● 适时出土葡萄 | (1) 葡萄在树液开始流动至芽眼膨大前，必须撤除防寒土，并及时上架。出土过早根系尚未开始活动，枝芽易被抽干；出土过晚则芽在土中萌发，出土上架时很容易被碰掉，或因芽已发黄，出土上架后易受风吹日晒之害，人为造成"瞎眼"及树体损伤，影响产量。<br>(2) 出土后应将主蔓基部的松土清理干净，并刮除枝蔓老皮，并将其深埋或烧掉，以消灭越冬病原和虫卵，同时也有利于枝蔓呼吸。<br>(3) 修整好畦面。<br>(4) 为了防止幼树芽眼抽干，使芽眼萌发整齐，出土后可将枝蔓在地上先放几天，等芽眼开始萌动时再把枝蔓上架并均匀绑在架面上，进入正常的生长期管理工作。 | 要求：葡萄出土最好一次完成，否则，枝蔓上面留有很薄的土层或草等覆盖物，容易引起芽眼提前萌发，上架时易被碰掉。但在有晚霜危害的地区应分两次撤除防寒物，出土时要求尽量少伤枝蔓。 |
| ● 葡萄上架绑蔓 | (1) 上架　方法是将葡萄枝蔓按上一年的方向和斜度上架，并使枝蔓在棚面上均匀分布。棚架栽培时，由于枝蔓较长，上架时2～3人一组，逐蔓放到棚面上。<br>(2) 绑蔓　绑蔓的对象是主、侧蔓和结果母枝。主、侧蔓应按树形要求摆布，注意将各主蔓尽量按原来的生长方向拉直，相互不要交错纠缠，并使关键部位于架上。<br>(3) 扇形的主、侧蔓　均以倾斜绑缚成扇形为主；龙干形的各龙干间距50～60 cm，尽量使其平行向前延伸；对采用中、长修剪的结果母蔓可适当绑缚，一般可用斜引缚、水平引缚或弧形引缚，以缓和枝条的生长极性，平衡各新梢的生长，促进基部芽眼萌发。 | 要求：上架时要轻放，以免损伤芽眼。注意不要折断多年生老蔓，一旦折断，不仅影响产量，更新也困难。葡萄枝蔓绑缚时要注意要牢固而不伤枝蔓。通常采用"8"字形或马蹄形引缚。 |
| ● 预防病虫害 | (1) 除老皮、清园　葡萄出土上架后，及时扒除老皮，彻底清除地边、果园、沟内的杂草，清理僵果、残枝、叶等，并带出园外深埋或集中烧掉，以消灭越冬病原和虫卵。<br>(2) 喷药保护　出土上架后至萌芽前，及时喷施5波美度石硫合剂，加0.3%洗衣粉或0.3%五氯酚钠溶液，或95%精品索利巴尔150～200倍液，或800倍多菌灵等，防治各种越冬病虫。 | 要求：石硫合剂一定要在萌芽前喷施，一旦芽体萌动后就不可再喷石硫合剂，否则会伤芽。 |
| ● 萌芽前追肥灌溉 | (1) 盛果期树一般每亩施入尿素20～25 kg或碳酸氢铵35～40 kg，配合少量的磷，使用量占全年的10%～15%。<br>(2) 采用沟施或穴施均可，深度为10～15 cm，施肥后覆土盖严。<br>(3) 施肥后结合灌水浇一遍萌芽水。 | 要求：萌芽水要求一次浇透，避免多次浇水降低地温，影响发芽率。 |

# 【业务知识】

## 生产中如何建立葡萄架式

**1. 架材**

葡萄的架材包括支柱、横杆、铁丝等。

（1）木柱　木柱直径一般为 8～12 cm，使用寿命是 4～15 年，先将树皮剥去，埋入土壤的下半截约 1/3 要用防腐剂处理。可用 5% 的硫酸铜溶液浸泡 4～5 h 或以上后，取出风干；或浸入煤焦油或木焦油中 24 h，如用沸腾的焦油只需 0.5 h；或浸入含 5% 的五氯苯酚的柴油溶液中 24 h，浸后需风干 1 个月。防腐处理最好在上年秋季进行。

（2）水泥柱　使用寿命可达 20 年以上。棚架、高篱架的负荷量大，厚宽各 10～15 cm，边柱用高限，中间的柱子用低限。水泥柱可以定制或自制，规格和用料见表 3-2-1。

表 3-2-1　水泥柱规格及用料量　　　　　　　　　　　　kg

| 规格/cm | 钢筋（φ6） | 水 | 水泥（425#） | 沙 | 碎石 |
|---|---|---|---|---|---|
| 10×10×250 | 2.2 | 4.15 | 8.70 | 14.80 | 32.15 |
| 10×15×270 | 2.4 | 7.04 | 14.08 | 23.97 | 52.06 |
| 12×12×200 | 1.8 | 5.01 | 10.02 | 17.06 | 37.06 |

预制根柱时，应按预定拉铁丝的距离加上铁环，以备穿拉铁丝。柱子的长度要多出 40～60 cm，以便埋入地下。

（3）铁丝　葡萄架上所用的铁丝为防止锈蚀，多采用镀锌线即铅丝。12 号铁丝用得最多，8 号仅用于架端连接和行头拉锚石。

**2. 架材用量**

架材的用量因架式、行长、架高、柱距而不同。如篱架可按下列公式计算：

$$支柱总数＝\frac{种植面积}{行距×柱距}＋总行数$$

$$铁丝总长度＝行长×每行拉铁丝道数×行数$$

**3. 支柱的埋设**

单篱架支柱埋于行内株间或行的一侧距主干 30 cm 处。棚架的根柱埋于植株 50 cm 左右的前方。埋入地下深度 50 cm 左右，每行两端的边柱承受压力最大，需选用较粗大而坚固的立柱，埋入的深度也较深，并在架的两端埋设锚石，用粗铁丝牵引拉紧，以加强边柱的牢固性。

#### 4. 铁丝的安装

可随葡萄生长成形，逐年布满铁丝，棚架横梁上每隔 50 cm 左右拉一道铁丝，注意棚架上第一道铁丝距篱架 30～40 cm，这样枝蔓在此处不会急拐弯。拉铁丝时，要先将铁丝一端固定在一侧立柱上，再在另一侧用紧线器将铁丝拉紧。

此外，葡萄的行向应根据架面光照条件最好的原则来设置，同时也要考虑品种、地形、风向、便于作业等。一般北方平地葡萄园，棚架取东西行向，棚架开口方向在风大的地区与当地的主害风方向一致，这样葡萄接受光照条件好，有利于葡萄生长和发育，特别是有利早春地温提高促使根系生长。采用篱架时以南北向为宜，这样葡萄东西两侧都可均匀接受光照，通风透光条件也最好。

无论是篱架还是棚架，葡萄的株距均可采用 1～1.5 m。

## 【业务经验】

### 一、避免或减轻伤流的方法

伤流对树体的危害很大，生产中如何避免及减轻伤流呢？

（1）如非严重干旱，春天萌芽前可不灌水。

（2）适时修剪，在条件允许的情况下适当提早修剪，可有效地防止伤流的发生或减低伤流的影响。

（3）人工绑扎、涂抹油漆、滴蜡灼烧等方法，可以做为参考。

### 二、葡萄架式的选择

葡萄架式多种多样，如何选择合适的架式呢？

（1）要符合当地的自然条件。

（2）根据栽培条件和投资成本，在水肥等综合管理水平高的情况下，宜采用负载量较大的整枝形式，反之则采用负载量较小的。

（3）依据品种的生长、结果特性，生长势强、结果系数低的品种宜采用负载量较大的整枝形式；长势较弱的品种，则宜采用负载量较小的整枝形式，以使枝蔓尽快布满架面，获得早期丰产。

（4）根据果实的用途，选用不同的搭架方式。如酿酒葡萄为保证其品质，应选用负载量小的形式。

## 【工作任务实施记录与评价】

### 1. 生产计划落实

| 师傅指导记录 | 生产计划落实质量评价 | 评价成绩 |
|---|---|---|
| | | |
| | | 日期 |
| | | |

### 2. 劳动力、用具等使用记录

| 日期 | 劳动力用量 | 农机具 | 农资使用 | 其他材料 |
|---|---|---|---|---|
| | | | | |
| | | | | |
| 检查质量评价 | | | 评价成绩 | |
| | | | 日期 | |

### 3. 施肥登记表

| 时间 | 肥料名称 | 生产商品牌 | 氮、磷、钾或其他物质含量 | 施肥方式 | 用量 | 备注 |
|---|---|---|---|---|---|---|
| | | | | | | |
| | | | | | | |
| | | | | | | |

### 4. 学徒关键职业能力及职业品质、工匠精神评价

| 项目 | A | B | C | D |
|---|---|---|---|---|
| 工作态度 | | | | |
| 吃苦耐劳 | | | | |
| 团队协作 | | | | |
| 沟通交流 | | | | |
| 学习钻研 | | | | |
| 认真负责 | | | | |
| 诚实守信 | | | | |

## 任务3 萌芽期和新梢生长期的管理

萌芽与新梢生长期从芽眼膨大、鳞片裂开露出茸毛、在芽的顶端呈现出绿色到新梢加快速度生长、开花前为止。这一时期内随着气温迅速上升，树体利用贮藏的营养满足萌芽，新梢在短期内迅速扩大叶面积并转为利用当年营养，花序原始体随新梢生长继续分化出雄蕊和雌蕊等。这一时期葡萄对肥水的需求量大，是奠定当年生长、结果基础的关键阶段。

### 【任务目标与质量要求】

生产目标是迅速扩大营养面积，促进新梢生长；提高花果质量，合理利用养分，控制早期病虫害。

### 【学习产出目标】

1. 熟知夏季修剪各项工作（抹芽、定梢定果、花穗整形、摘心去卷须）的概念和作用。

2. 准确完成葡萄抹芽。

3. 根据确定的原则和要求，完成葡萄定梢定果。

4. 进行葡萄花序整形。

5. 根据新梢生长情况，及时进行摘心去卷须。

6. 完成土肥水管理工作。

7. 做好病虫害防治工作。

### 【工作程序与方法要求】

● 抹芽

（1）第1次抹芽在葡萄的芽萌动后10~15 d进行。当新梢长到3~5 cm时，先将多年生枝蔓上萌发的潜伏芽和结果枝上的弱芽、歪芽和三生芽中的副芽，以及过密的芽抹去。

（2）第2次抹芽是在上次抹芽后10 d左右进行，也可与定梢同时进行，即除去上次多留的芽和后来又萌发的多余的芽。

（3）抹除多年生枝蔓上萌发的潜伏芽，以及过密、过弱的萌芽。

要求：抹芽应及早进行，越早越节约养分。第1次抹芽可以多留一些芽。

| ● 定枝 | （1）当新梢长到 15～20 cm 时进行定梢。<br>（2）疏枝时，首先疏除过密和过弱的新梢。<br>（3）在新梢生长势相近时，疏密不疏稀、疏前不疏后。棚架每平方米架面一般留 10～20 个新梢，单篱架每平方米留梢不超过 15 个，篱架上留枝距离为 10～15 cm。 | 要求：根据架面大小、树势强弱、品种，最后确定留枝数量。 |
|---|---|---|
| ● 引缚<br>绑蔓 | 新梢长到 30～40 cm 时进行绑缚，引导固定到铁丝上，使其均匀分布在架面上。为高效利用空间、合理提高负载量，可将新梢顺着主干生长方向引缚在架面上，较弱新梢任其直立生长，以便扶壮。强壮枝可在基部 2～4 节处轻扭伤引缚，缓和其生长势。 | 要求：新梢引缚的力度要小，动作要轻，否则极易使新梢从葡萄枝干上脱落，造成不必要的损失。 |
| 疏花序<br>● 及花序<br>整形 | （1）疏花序　在新梢达 20 cm 以上时，花序露出后开始疏花序，到始花期完成。疏花序时，对大穗大粒型品种原则上壮枝留 1～2 个花序，中庸枝留 1 个花序，延长枝及细弱枝不留花序，对小穗品种可适当多留。疏除小而松散、发育不良、穗梗纤细的劣质花序，保留大而充实的花序。<br>（2）花序整形　一般在花前 5～7 d 与疏花序同时进行。对果穗较大、副穗明显的品种，应将过大副穗剪去，对中大型花序品种，掐去花序全长的 1/5～1/4，对小穗型花序品种，酌情掐去部分穗尖。 | 要求：疏花序时先疏弱树、弱枝，后疏旺树、旺枝，弱者多疏少留，强者少疏多留。 |
| ● 摘心去<br>卷须 | （1）摘心<br>①结果枝摘心　落果严重、坐果率低的品种，开花前 4～7 d 开始至初花期进行摘心，在花序以上保留 3～5 片叶，坐果率高的品种，在开花后至落果期进行，在花序上保留 5～7 片叶。<br>②营养枝摘心　保留 8～10 片叶摘心。<br>③延长枝摘心　一般在 8 月初摘心。<br>（2）处理副梢<br>①结果枝副梢处理　花序以下的副梢全部抹去，花序以上顶端的 1～2 个副梢留 3～4 片叶反复摘心，其余副梢可进行"单叶绝后摘心"。<br>②营养枝副梢处理　顶端的副梢留 3～4 片叶反复摘心，其余副梢从基部全部抹去。<br>③延长枝副梢处理　其顶端副梢留 5～6 片叶摘心，其上发生的二次副梢，可留 1～2 片叶反复摘心。<br>（3）去卷须　随时去除所有新发生的卷须。 | 要求：摘心必须在适宜的时期、使用正确的方法进行。随意摘心弊大于利，打掉一个头，就要长三个头（副梢大量抽生），严重影响通风透光，造成果实品质、产量下降，枝蔓不成熟，病害严重。 |
| ● 追肥<br>灌溉 | （1）土壤管理　根据当地气候条件、灌水、杂草生长情况，进行中耕，中耕深度为 5～10 cm。<br>（2）施肥　在幼叶展开、新梢迅速生长时，为缓和营养生长与生殖生长的矛盾，可根据树势情况开沟追施 1～2 次复合肥和氮肥。幼叶展开后每隔 7～10 d 叶面喷肥 1 次，缺锌或缺硼严重的果园，在花前 2～3 周喷数次锌肥或硼肥。常用 0.2% 磷酸二氢钾加 0.2% 硼酸或 0.2%～0.3% 尿素加 0.2% 硼酸，以利于正常开花受精和幼果发育。<br>（3）灌水　结合施肥进行灌水。新梢 10 cm 时进行 1 次灌溉，然后视天气情况，干旱时每隔 10～20 d 浇 1 次小水。 | 要求：中耕时尽量避免伤根；对树势旺的植株不再追氮肥。 |

| | | |
|---|---|---|
| ● 防治病虫害 | （1）主要病虫害　穗轴褐枯病、霜霉病、瘿螨等。<br>（2）防治方法　萌芽期喷 20％氰戊菊酯 1 500 倍液加 20％吡虫啉 2 000 倍液；新梢生长至开花前，喷施多菌灵 800 倍液、80％大生 M-45 可湿性粉剂 800 倍液等。 | 要求：防治病虫害，要早发现、早防治，以预防为主。 |

## 【业务知识】

### 北疆地区葡萄发生冻害后的补救方法

北疆地区冬天温度比较低，春季倒春寒等各种因素，容易造成葡萄芽眼萌发不出来，或者萌发出来的芽眼受冻害以后受伤，不能正常生长。预防葡萄冻害或者发生冻害的补救措施有 3 种：

（1）葡萄出土以后，萌芽之前浇一遍水，此时温度比较低，浇水会延缓葡萄萌芽，进而避开倒春寒等恶劣天气。

（2）如果发生冻害，可以喷施嘉美金点、碧护，在葡萄解冻害方面效果不错。

（3）发生倒春寒，芽枯死了，也不用过于着急，葡萄一般是复合芽，葡萄的小芽，还有许多隐芽也会萌发，待芽长到 4～5 叶定梢时就可以去掉多余的和受冻的弱芽。利用隐芽和小芽结果，会比正常的晚一点，但是基本不会影响采收期。

## 【业务经验】

### 葡萄修剪管理小窍门

**1. 如何计算葡萄的应留新梢数**

根据历年所掌握的材料和经验，估计所栽品种在当地正常年景的平均穗重、结果系数，按下列公式即可计算出应留新梢数。

$$每亩留梢数 = \frac{计划产量（kg）}{留用结果枝率（\%）×平均穗重（kg）×结果系数}$$

例如，小棚架龙干整枝的全球红品种，计划每亩产量 1 500 kg，平均穗重为 800 g，结果系数为 1，定梢后留用的结果枝率为 75％。

$$每亩留梢数 = \frac{1 500}{0.75×0.8×1} = 2 500（个）$$

按亩栽 90 株计算，平均每株留梢约为 28 个。

**2. 巨峰和夏黑葡萄的修剪技巧**

巨峰和夏黑葡萄的花序修剪不仅要去除副穗和穗头穗尖，同时还要去除副穗以下的 3～4 个小花穗。这样才能使整个果穗上只保留中下部的 15～18 个小穗，并结合赤霉素处理，使果粒更大，果穗更为紧凑、美观。

## 【工作任务实施记录与评价】

### 1. 生产计划落实

| 师傅指导记录 | 生产计划落实质量评价 | 评价成绩 | |
|---|---|---|---|
| | | | |
| | | 日期 | |
| | | | |

### 2. 劳动力、用具等使用记录

| 日期 | 劳动力用量 | 农机具 | 农资使用 | 其他材料 | |
|---|---|---|---|---|---|
| | | | | | |
| | | | | | |
| 检查质量评价 | | | | 评价成绩 | |
| | | | | 日期 | |

### 3. 施肥登记表

| 时间 | 肥料名称 | 生产商品牌 | 氮、磷、钾或其他物质含量 | 施肥方式 | 用量 | 备注 |
|---|---|---|---|---|---|---|
| | | | | | | |
| | | | | | | |
| | | | | | | |

### 4. 学徒关键职业能力及职业品质、工匠精神评价

| 项目 | A | B | C | D |
|---|---|---|---|---|
| 工作态度 | | | | |
| 吃苦耐劳 | | | | |
| 团队协作 | | | | |
| 沟通交流 | | | | |
| 学习钻研 | | | | |
| 认真负责 | | | | |
| 诚实守信 | | | | |

## 任务4　开花期的管理

从花序上的第一朵花开放到开花终了为开花期。华北地区葡萄开花期一般在5月下旬。开花期的早晚、延续时间的长短取决于温度、湿度及品种。葡萄开花期已形成大量枝叶，随枝叶生长开始新一轮花芽分化。此期由于开花、花芽分化和枝叶生长均需消耗大量营养物质，导致葡萄落花落果较为严重，是葡萄管理的关键期，也称水肥临界期。

### 【任务目标与质量要求】

此期的生产目标是综合运用各种技术措施，平衡树体营养，减少养分消耗，使植株生长与开花坐果保持动态平衡，进而促使树体营养分配更加合理，花序可得到更多的养分，保证花器官更好地发育成熟，为开花、授粉、受精的正常进行打下坚实基础，提高坐果率。

### 【学习产出目标】

1. 整理架面，改善光照。
2. 运用花期喷硼，提高坐果率。
3. 无核化葡萄处理方法。
4. 防治病虫害。

### 【工作程序与方法要求】

● 树体管理

（1）引缚绑蔓　新梢长到40～50 cm时进行绑缚，引导固定到铁丝上，使其均匀分布在架面上，改善架面通风透光条件，在当地为高效利用空间、合理提高负载量，将新梢顺着主干生长方向引缚在架面上，较弱新梢任其直立生长，以便扶壮。强壮枝可在基部2～4节处轻扭伤引缚，缓和其生长势。

（2）夏季修剪　继续进行摘心、去卷须、处理副梢、疏枝等工作。

（3）花序管理　继续处理花序的疏除、整形工作，调节营养生长和生殖生长的关系。

要求：引缚绑蔓时，枝条间要按照生长方向进行引缚绑蔓，不可交叉，架面上枝条分布要均匀。

| | | |
|---|---|---|
| ● 土肥水管理 | （1）土壤管理　不对土壤进行深耕。<br>（2）禁止浇水　否则会降低坐果率。<br>（3）施肥　在开花前 2 周喷 0.3％的硼砂，隔 1 周再喷 1 次，可提高坐果率。花期叶面喷 0.3％的磷酸二氢钾 1 次。 | 要求：进行叶面喷施肥料时，切记浓度不能过大，否则会出现肥害。 |
| ● 应用生长调节剂 | （1）使用保果剂　生理落果前使用低浓度 GA3、CPPU 等处理果穗。<br>（2）无核化　巨峰系品种在盛花期用 GA3 进行第 1 次处理，10～15 d 后进行第 2 次处理。<br>（3）使用果实膨大剂　选择合适的膨大剂，在盛花后 5～7 d 进行。 | 要求：生长调节剂使用时一定要注意使用时期、使用浓度、使用次数。 |
| ● 防治病虫害 | 在花前、花后各喷施 70％舒乐威悬浮剂 1 000 ～1 500 倍液，或 50％凯泽水分散粒剂 500～1 500 倍液 1 次，可有效预防葡萄灰霉病、霜霉病的发生。 | 要求：为防止药害的发生，不宜在晴天中午进行喷药作业。 |

## 【业务知识】

### 无核葡萄栽培注意事项

无核化栽培时，由于没有种子形成，葡萄浆果在运输中易掉粒，为此生产中必须注意以下几个方面。

（1）药物处理　必须按要求做，如果处理太早、用药浓度过高、次数过多，穗轴易硬化，易造成落粒。

（2）果穗整形　把穗重控制在 500～600 g，果穗外观呈圆柱形，果粒紧凑相互构成一体，以提高耐运输能力。

（3）改善包装　如小包装、真空包装都有利于提高其耐运输性。

## 【业务经验】

### 葡萄开花期的病害防治

一般葡萄在开花期对药物比较敏感，花期除可打 0.1％～0.3％的硼酸、尿素提高坐果率外是不能打其他农药的，即使有病虫害出现，在不严重的情况下，尽可能不用或少用药。此时期用药不当会直接导致葡萄花而不实，甚至会出现落花落果，严重影响产量。如果出现病害，可在开花前后及时对症治疗。

# 【工作任务实施记录与评价】

## 1. 生产计划落实

| 师傅指导记录 | 生产计划落实质量评价 | 评价成绩 |
|---|---|---|
| | | |
| | | 日期 |
| | | |

## 2. 农事活动记录表

基地名称：＿＿＿＿＿＿＿＿＿　　　　　　　　　　记录人：＿＿＿＿＿＿＿＿＿

| 日期 | 天气 | 农事活动内容 | 劳作人数 | 执行人 | 完成结果 | 备注 |
|---|---|---|---|---|---|---|
| | | | | | | |
| | | | | | | |
| | | | | | | |

## 3. 施肥登记表

| 时间 | 肥料名称 | 生产商品牌 | 氮、磷、钾或其他物质含量 | 施肥方式 | 用量 | 备注 |
|---|---|---|---|---|---|---|
| | | | | | | |
| | | | | | | |
| | | | | | | |

## 4. 工作质量检查记录

| 日期 | 主要任务 | 具体措施 | 完成情况 | 效果 | 备注 |
|---|---|---|---|---|---|
| | | | | | |
| | | | | | |
| | | | | | |
| | | | | | |
| 检查质量评价 | | | | 评价成绩 | |
| | | | | 日期 | |

**5. 学徒关键职业能力及职业品质、工匠精神评价**

| 项目 | A | B | C | D |
|------|---|---|---|---|
| 工作态度 | | | | |
| 吃苦耐劳 | | | | |
| 团队协作 | | | | |
| 沟通交流 | | | | |
| 学习钻研 | | | | |
| 认真负责 | | | | |
| 诚实守信 | | | | |

# 任务5 果实膨大期的管理

　　果实发育期从子房开始膨大到浆果着色前为止。此期延续时间的种间差异很大，一般为 60～110 d，早熟品种需要 35～60 d，中熟品种需要 60～80 d，晚熟品种需要 80 d 以上。新疆北疆地区葡萄果实发育期多在 6—9 月份。此期植株营养矛盾突出，环境高温高湿，易导致落果严重，病虫害发生频繁，故生产任务较重。这一时期浆果迅速生长，果实增重较快，新梢加粗并出现二次生长高峰。当葡萄浆果长至 3～4 mm 大小时，一部分营养不足或授粉、受精不良的幼果开始脱落。

## 【任务目标与质量要求】

　　果实发育期的生产目标主要是提高树体营养水平，改善通风透光条件，及时控制枝梢生长，集中防治病虫，促进果实发育。

## 【学习产出目标】

　　1. 修剪葡萄果穗。

　　2. 完成果实膨大期的追肥灌水。

　　3. 掌握葡萄疏粒、套袋的方法。

　　4. 做好葡萄果实膨大期病虫害防治。

## 【工作程序与方法要求】

| | | |
|---|---|---|
| 葡萄<br>●疏果 | (1) 在坐果后，在果粒大小区分明显时立即进行。<br>(2) 疏果主要是疏病虫果、裂果、日灼果、畸形果、过大果和无种子的小果，尽量选留大小一致、排列整齐向外的果子。<br>(3) 疏果时先疏小粒、畸形果、病虫果、裂果、锈斑果，然后疏小分穗，以能将下部盖严为宜，最后疏果粒。疏果粒时先疏掉内向果，尽量使果粒松散，让果粒在膨大成熟期有 1/3 以上的果面能受到直射光照。果穗疏完后呈圆锥形。 | 要求：疏果时一般是用小剪刀，而不能用手直摘；有露水时不能疏果，防止日灼；疏果时尽量减少手与果面的接触，因人体温度过高容易伤害果粒；疏果时不要来回转动果穗，防止扭伤果柄。 |
| 追肥<br>●灌水 | (1) 花后 4～8 周追施壮果肥。<br>(2) 每公顷施饼肥 1 000～1 500 kg、尿素 220 kg、磷肥 150 kg、硫酸钾复合肥 370 kg，效果较好。<br>(3) 结合施肥后灌 1 次果实膨大水。<br>(4) 可以结合防病喷施波尔多液。<br>(5) 叶面喷肥的次数应根据植株需肥情况而定。果粒开始膨大后，每 10 d 喷 1 次 3%～5% 的草木灰和 0.5%～2% 的磷肥浸出液，或 0.1%～0.3% 尿素，或喷施 0.2%～0.3% 的磷酸二氢钾，连续喷施 3～4 次，对提高果实品质有明显作用。 | 要求：尿素的最佳施肥期应在花后 4～6 d。 |
| 葡萄<br>●套袋 | (1) 一般在果实坐果稳定，整穗及疏粒结束后立即开始套袋。<br>(2) 选用优质葡萄专用果袋　一般为纸质果袋，果袋纸质要求强度大，不易破损，耐风耐雨，同时还要具有较好的透光性和透气性。<br>(3) 套袋前准备　在葡萄套袋前 1～2 d 全园喷 1 次杀菌剂，重点喷布果穗，如喷施 50% 多菌灵可湿性粉剂 800～1 000 倍液。<br>(4) 套袋　套袋时先用手将纸袋撑开，使纸袋整个鼓起，然后由下往上整个果穗全部套入袋内，再将袋口收缩到穗柄上，用一侧的封口丝紧紧扎住，但封口丝以上要留有 1.0～1.5 cm 的纸袋，并且不能用手搓果穗，以免损伤果穗。 | 要求：套袋之前一定要对果实进行简单消毒，减少袋内发生病虫害几率。一定要选择正常的晴天进行套袋，否则会加重日灼现象。使用杀菌剂后，最好采用随干随套的方式套袋。套袋时双手一定不能接触到果实，在完成套袋工作后一定要及时洗手，防止农药中毒。 |
| 防治病<br>●虫害 | (1) 果粒膨大初期喷 80% 代森锰锌可湿性粉剂 600～800 倍液，防治黑痘病兼防霜霉病、褐斑病。<br>(2) 白粉病发病初期连喷 2～3 次三唑或甲基硫菌灵等，间隔为 10 d，可兼治霜霉病、褐斑病、炭疽病等。<br>(3) 从 6 月上旬开始喷 80% 代森锰锌可湿性粉剂 600～800 倍液，或 0.2～0.3 波美度的石硫合剂防治霜病、褐斑病、炭疽病。<br>(4) 如有害虫发生，可喷布 50% 辛硫磷乳油 1 000～1 500 倍液，或 20% 甲氰菊酯乳油 1 500～2 000 倍液，或 10% 高效氯氰菊酯乳油 3 000～4 000 倍液等杀虫剂防治。 | 要求：此期病虫害发生频繁，重点做好防治黑痘病、霜霉病、褐斑病、炭疽病、白粉病、螨类、叶蝉、十星叶甲、透翅蛾等。 |

## 【业务知识】

### 一、生产中如何确定葡萄果穗重标准

小粒果、着生紧密的果穗，以 200～250 g 为标准；中粒果、松紧适中的果穗，以 250～350 g 为标准；大粒果、着生稍松散的果穗，以 350～450 g 为标准。如对龙眼、玫瑰香、牛奶等品种，大型穗可留 90～100 粒果，穗重 500～600 g；中型穗可留 60～80 粒，穗重 400～500 g。巨峰每穗可留 30～50 粒，穗重 350～500 g；藤稔、伊豆锦等，可控制在每穗 25～30 粒，穗重 400～500 g。

### 二、生产中如何确定葡萄的施肥量

葡萄施肥量的确定是一个十分复杂的问题，它与产量、土壤养分含量、肥料种类及其利用率等因素有关。目前国内外通行的葡萄施肥量计算方法是"以产定肥"，即每生产 100 kg 果实所需氮、磷、钾三要素的数量。根据《无公害食品　鲜食葡萄生产技术规程》（NY 5088—2002），葡萄施肥量参照每生产 100 kg 浆果 1 年需施纯氮（N）0.25～0.75 kg、磷（$P_2O_5$）0.25～0.75 kg、钾（$K_2O$）0.35～1.1 kg 的标准，进行平衡施肥。

## 【业务经验】

### 如何进行葡萄套袋

套袋应根据果穗大小、果实颜色选择不同规格的葡萄专用商品袋。套袋时，将袋口端 6～7 cm 浸入水中，使其湿润柔软，便于收缩袋口，提高套袋效率，并且能够将袋口扎紧扎严，防止害虫及雨水进入袋内。先用手将纸袋撑开，然后由下往上将整个果穗装进袋内，再将袋口绑在穗梗或穗梗所在的结果枝上，用封口丝将袋口扎紧。注意套袋时绝对不能用手揉搓果穗。

## 【工作任务实施记录与评价】

**1. 葡萄套袋效果调查表**

| 处理 | 果实着色程度 | 果面光洁度 | 病虫果数量 | 优质果率 | 成熟期 | 果实含糖量 | 其他 |
|------|------------|-----------|-----------|---------|-------|-----------|------|
| 套纸袋 | | | | | | | |
| 套塑料袋 | | | | | | | |
| 未套袋 | | | | | | | |

**2. 施肥登记表**

| 时间 | 肥料名称 | 生产商品牌 | 氮、磷、钾或其他物质含量 | 施肥方式 | 用量 | 备注 |
|---|---|---|---|---|---|---|
| | | | | | | |
| | | | | | | |
| | | | | | | |

**3. 病虫害防治登记表**

| 时间 | 发病时间 | 发病原因 | 病害名称 | 发病面积 | 药品名称 | 用量 | 使用方式 | 防治效果 | 备注 |
|---|---|---|---|---|---|---|---|---|---|
| | | | | | | | | | |
| | | | | | | | | | |

**4. 学徒关键职业能力及职业品质、工匠精神评价**

| 项目 | A | B | C | D |
|---|---|---|---|---|
| 工作态度 | | | | |
| 吃苦耐劳 | | | | |
| 团队协作 | | | | |
| 沟通交流 | | | | |
| 学习钻研 | | | | |
| 认真负责 | | | | |
| 诚实守信 | | | | |

# 任务6　浆果成熟与采收期的管理

浆果成熟期一般是从有色品种开始着色、无色品种开始变软起到果实完全成熟为止。浆果成熟时期及其所需的天数，因地区和品种不同。我国北方葡萄成熟期为7月下旬至10月下旬，一般品种为8—9月份。通常浆果从着色开始到完全成熟需20～30 d。此期果粒不再明显增大，浆果变得柔软，富有弹性，而且有光泽，白色品种果皮逐渐变成透明，并表现出本品种的固有色泽，如金黄色或白绿色，有色品种开始着色。营养物质迅速积累和转化，果实糖分积累增加，酸度减少，芳香物质形成增多，风味形成。中晚熟品种在成熟期前后新梢逐渐木质化，花芽继续分化，植株地上部分的有机营养物质开始向根部运输。

## 【任务目标与质量要求】

此期的生产目标是改善光照条件，控制水分，防止后期徒长，防治病虫，保护叶片，提高浆果品质。

## 【学习产出目标】

1. 掌握葡萄成熟前的控肥控水技术。
2. 做好去袋增色工作。
3. 维护管理好葡萄架面。
4. 防治病虫害。
5. 采收葡萄。

## 【工作程序与方法要求】

| | | |
|---|---|---|
| ● 控肥控水 | （1）在着色期开始，每亩施磷肥 50 kg、钾肥 30 kg，浅沟或穴施均可，施肥后覆土灌水，然后中耕保墒。同时喷 2～3 次 0.2%～0.3% 的磷酸二氢钾或 1%～3% 过磷酸钙溶液以提高品质，连续喷 2～3 次氨基酸钙以提高耐贮运性。<br>（2）中、晚熟品种此期应控制灌水。若遇连续干旱天气，应适当灌水。对果实已采收的早熟品种，在采收后应及时灌水。降雨较多时，山地果园注意蓄水，平地果园做好排水工作。 | 要求：在晚熟品种成熟前，要控制氮肥或不再追氮肥，增施磷、钾肥。 |
| ● 去袋增色 | （1）无色品种套袋后可不摘袋，采收时连同果袋一同摘下。<br>（2）一般有色品种可在采收前 10 d 左右将袋下部撕开，以增加果实受光，促进着色。<br>（3）可以通过分批摘袋的方式达到分期采收的目的。若使用的纸袋透光度较高，能够满足着色的要求，也可不摘袋，以生产洁净无污染的果品。去袋后适当疏掉遮光的枝蔓和叶片，促进果实着色和新梢成熟。 | 要求：去袋时要注意仔细观察果实颜色的变化，如果袋内果穗着色很好，已经接近最佳商品色泽，则不必摘袋。对于着色较重的品种如巨峰也可不解袋，采收时再去袋。 |
| ● 架面管理 | （1）处理结果枝、营养枝上的副梢，保持架面通风透光。除顶部副梢留 3～4 片叶反复摘心外，其余副梢作"留一叶绝后"处理，以促进枝蔓生长和成熟。<br>（2）及时绑蔓，防止风害。 | 要求：及时处理结果枝、营养枝上的副梢，以免消耗养分、架面郁闭。 |
| ● 预防病虫害 | （1）从果粒着色开始，白腐病、炭疽病、霜霉病、褐斑病可能同时发生，应密切注意，特别是注意下部果穗发生白腐病。<br>（2）对上述 4 种病害均有效的药剂有 80% 代森锰锌可湿性粉剂 600～800 倍液。对白腐病、炭疽病有效的有 50% 福美双可湿性粉剂 600～800 倍液，50% 退菌特可湿性粉剂 600～800 倍液。对白腐病、炭疽病、霜霉病有效的药剂有 70% 甲基硫菌灵 800～1 000 倍液，或使用甲霜灵、百菌清、多菌灵等。<br>（3）以上杀菌剂应交替使用。 | 要求：重点防治白腐病、炭疽病、霜霉病、褐斑病。 |

● 采收
葡萄

（1）采收时期 葡萄的正确采收期应根据葡萄的用途、品种特性、当年的气候条件等确定。鲜食品种主要依据生理成熟状况确定采收期，其标志是有色品种充分表现出该品种固有的色泽，无色品种呈黄色或白绿色，果粒透明状。

（2）采收方法 采收鲜食葡萄，特别是供外销或贮藏的葡萄，要注意在每日清晨或傍晚时采收，以便降低葡萄呼吸作用，同时尽量留长穗轴，便于包装时拎提果穗。鲜食葡萄采收前 10～15 d 停止灌水，在容易受旱的砾质戈壁上停水时间也不应少于 5～7 d。若遇下雨，要等叶面和果穗中的积水干燥后再采，以减少果穗腐烂。采收时用手指捏住穗梗，用剪刀紧靠枝条剪断，随即装入果筐，然后分级包装。

要求：合理采收应做到时期适宜、方法适当。采收鲜食葡萄要轻拿轻放，尽量不擦掉果粉。采下的葡萄放在阴凉通风处，切忌日光下暴晒。

## 【业务知识】

### 一、生产实际中如何确定葡萄分级标准

优等果要求果粒整齐，紫红色果粒不低于 70%，单果重量 5.5 g，可溶性固形物 17.0%；一级果单粒重 5.0 g，可溶性固形物 16.5%，带有果粉，无腐烂，无青粒和裂果。

### 二、外销葡萄和当地销售葡萄的包装要求

外销多采用塑料周转箱，规格是长 50～60 cm，宽 30～35 cm，高 35～40 cm，净装 20 kg 左右。包装时箱内先铺好马粪纸，然后将果穗横放于箱内。穗与穗、层与层之间一定要挤紧，顶部与箱口持平，最后用垫纸盖严，备运。

当地销售多采用纸箱、柳条筐或柳条提篮，净装 10 kg 左右。包装时以不损伤果穗、果粒为准，灵活掌握。

盛装葡萄的箱子底部及四周衬一层纸，再将完好的 0.04 mm 厚度 PE 塑料袋敞口放入箱中，使塑料袋与箱子四周相贴（箱子要浅而小，以装 5 kg 为宜，塑料袋不可破裂或有漏洞）然后将果穗整齐地放入 PE 塑料袋中。葡萄不可超出箱子，以免在运输、码垛中造成烂粒现象。箱装满后即可预冷。在采收、装箱、运输过程中，应轻拿轻放，避免人为损伤果实。

## 【业务经验】

### 葡萄套袋纸袋的选择技巧

葡萄套袋纸袋应该根据不同的葡萄品种、不同的气候条件进行选择，应该注意选择正规厂家生产的专用葡萄纸袋，从而保证纸袋的质量可靠。选择的葡萄纸袋应该具

有良好的透气性、透光度，抗风雨能力强，并且保证葡萄纸袋的柔软性，使套袋的葡萄能够无病害的成长。

一般巨峰系葡萄采用专用的纯白色、经过处理的聚乙烯纤维袋或纸袋为宜；红色品种可用透光度大的带孔玻璃纸袋或塑料薄膜袋。

为了降低葡萄的酸度，也可使用玻璃纸袋、塑料薄膜袋等能够提高袋内温度的果袋。

非葡萄专用的塑料薄膜带如食品袋、方便袋等，并不是都适合用于葡萄套袋，生产中应注意选择使用葡萄专用的成品果实袋。

## 【 工作任务实施记录与评价 】

### 1. 农事活动记录表

基地名称：＿＿＿＿＿＿＿＿　　　　　　　　　　记录人：＿＿＿＿＿＿＿＿

| 日期 | 天气 | 农事活动内容 | 劳作人数 | 执行人 | 完成结果 | 备注 |
|------|------|------------|---------|-------|---------|------|
|      |      |            |         |       |         |      |
|      |      |            |         |       |         |      |
|      |      |            |         |       |         |      |

### 2. 物资采购表

| 项目 | 物资名称 | | | |
|------|------|------|------|------|
| 采购日期 |      |      |      |      |
| 厂家 |      |      |      |      |
| 采购途径 |      |      |      |      |
| 规格 |      |      |      |      |
| 单价 |      |      |      |      |
| 运费 |      |      |      |      |
| 小计 |      |      |      |      |
| 备注 |      |      |      |      |

### 3. 用工登记表

| 用工日期 | 工数 | 单价 | 小计 | 备注 |
|---------|------|------|------|------|
|         |      |      |      |      |
|         |      |      |      |      |
|         |      |      |      |      |

**4. 生产计划落实**

| 师傅指导记录 | 生产计划落实质量评价 | 评价成绩 |
|---|---|---|
|  |  |  |
|  |  | 日期 |
|  |  |  |

**5. 劳动力、用具等使用记录**

| 日期 | 劳动力用量 | 农机具 | 农资使用 | 其他材料 |
|---|---|---|---|---|
|  |  |  |  |  |
|  |  |  |  |  |
| 检查质量评价 |  |  | 评价成绩 |  |
|  |  |  | 日期 |  |

**6. 学徒关键职业能力及职业品质、工匠精神评价**

| 项目 | A | B | C | D |
|---|---|---|---|---|
| 工作态度 |  |  |  |  |
| 吃苦耐劳 |  |  |  |  |
| 团队协作 |  |  |  |  |
| 沟通交流 |  |  |  |  |
| 学习钻研 |  |  |  |  |
| 认真负责 |  |  |  |  |
| 诚实守信 |  |  |  |  |

# 任务 7　新梢成熟及落叶期的管理

本期从葡萄采收后到落叶为止。浆果采收以后，叶片合成的营养物质开始转向积累，运往根部和枝蔓贮藏起来。新梢自下而上不断充实并木质化，为越冬做准备。随着气温的下降，叶片的光合作用逐渐转弱直到停止；叶色由绿转黄，叶柄产生离层，相继脱落。

## 【任务目标与质量要求】

此期葡萄园的生产目标是延长叶片光合时间，促进树体养分积累，提高花芽质量，增强植株越冬能力。

## 【学习产出目标】

1. 葡萄园深翻改土。
2. 葡萄园秋施基肥。

## 【工作程序与方法要求】

| | | |
|---|---|---|
| 深翻改土 | （1）葡萄定植后的最初几年应结合深施基肥进行深翻改土。<br>（2）一般深翻 40～60 cm。深翻时新沟和旧沟不要重叠过多，两沟之间也不要出现隔离层，逐渐扩大深翻范围，最终达到全园贯通。<br>（3）深翻后必须立即浇透水，使土壤与根系密切结合，以免引起干旱。<br>（4）深翻的效果可保持 3 年，可每隔 3～4 年进行 1 次，或隔年隔行轮流进行。 | 要求：深翻时，将地表熟土与下层的生土分别堆放，回填时将有机肥与表土混合回填。 |
| 秋施基肥 | （1）基肥施用量占全年总施肥量的 50%～60%。<br>（2）基肥常采用沟施，其中幼树可用环状沟施肥，即在植株 50 cm 以外挖深 30～40 cm、宽 30 cm 左右的环状沟施入肥料。成龄果园多用条状沟施肥，根据树龄和行距在距植株 50～120 cm 处挖深 40～60 cm、宽 40～50 cm，且与葡萄行平行的沟。<br>（3）随着树龄的增加、根系的扩大，施肥沟与植株的距离逐年加大，直到全园贯通，施肥深度也由浅而深，逐年增加。<br>（4）结合施基肥灌水 1 次，以促进肥料分解，提高树体养分积累。 | 要求：基肥在葡萄采收后及早施入，通常用腐熟的有机肥如厩肥、堆肥等作为基肥，并加入少量速效性肥料如尿素和过磷酸钙、硫酸钾等。 |

## 【业务知识】

### 如何做好葡萄采收后到落叶休眠之前的管理工作

葡萄采收后到落叶休眠之前这段时间，是葡萄管理最容易被忽视的时期。其实这段时间是最关键的管理时期，因为葡萄采收后到落叶这一阶段，叶片光合作用会出现第 2 次高峰（第 1 次在发芽以后半个月到叶片生长时期），而到接近落叶时光合效率才迅速下降。因此，必须重视葡萄收获后这一关键时期，要加强管理，保叶、护叶，增加光合产物的贮藏。如果忽视后期这段时间的管理，将会导致叶片过早损伤，光合作用降低、树体贮藏营养亏缺。从而使来年早春树体营养缺乏，花芽晚而不整齐，甚至导致花序退化，开花、结果减少。同时由于结果少或不结果，又易造成第 2 年枝叶徒长，花芽分化不良，从而影响第 3 年结果。其实葡萄收获后树势会普遍衰退，病虫害侵袭严重，而采收后的管理却与来年葡萄长势、花芽分化、开花结果、产量品质都有密切的关系。所以，传统上轻视采摘后管理的现象必须纠正。

# 【业务经验】

## 高效葡萄园采后喷施叶面肥的作用

采后喷施叶面肥可有效提高叶片光合效率，恢复树势，提高树体营养。可以每10 d左右喷施1次0.2%的尿素＋0.2%的磷酸二氢钾等叶面肥，连续喷施2～3次。

# 【工作任务实施记录与评价】

### 1. 葡萄采收记录表

基地名称：_____　　　　品种：_____　　　　记录人：_____

| 采收日期 | 数量 | 感官标准 | | | 烂病果比例 | 伤裂果比例 | 采收员签字 | 备注 |
|---|---|---|---|---|---|---|---|---|
| | | 特级 | 一级 | 二级 | | | | |
| | | | | | | | | |
| | | | | | | | | |
| | | | | | | | | |

### 2. 农事活动记录表

基地名称：_____　　　　　　　　　　　　记录人：_____

| 日期 | 天气 | 农事活动内容 | 劳作人数 | 执行人 | 完成结果 | 备注 |
|---|---|---|---|---|---|---|
| | | | | | | |
| | | | | | | |
| | | | | | | |

### 3. 生产计划落实

| 师傅指导记录 | 生产计划落实质量评价 | 评价成绩 |
|---|---|---|
| | | |
| | | 日期 |
| | | |

### 4. 劳动力、用具等使用记录

| 日期 | 劳动力用量 | 农机具 | 农资使用 | 其他材料 |
|---|---|---|---|---|
|  |  |  |  |  |
|  |  |  |  |  |

| 检查质量评价 |  | 评价成绩 |  |
|---|---|---|---|
|  |  | 日期 |  |

### 5. 学徒关键职业能力及职业品质、工匠精神评价

| 项目 | A | B | C | D |
|---|---|---|---|---|
| 工作态度 |  |  |  |  |
| 吃苦耐劳 |  |  |  |  |
| 团队协作 |  |  |  |  |
| 沟通交流 |  |  |  |  |
| 学习钻研 |  |  |  |  |
| 认真负责 |  |  |  |  |
| 诚实守信 |  |  |  |  |

# 任务 8　休眠期的管理

休眠期从葡萄的正常生理落叶开始，到第二年春季树液开始流动时为止。北方葡萄的休眠期多在 11 月上旬至翌年 4 月下旬，即气温下降到 8～10℃ 时就进入休眠。此期气候寒冷干旱，树体生理活动极为微弱，欧洲种葡萄经过 7.2℃ 以下 800～1 200 h 的低温可通过自然休眠，然后转入被迫休眠。

## 【任务目标与质量要求】

此期葡萄园的生产目标是通过修剪控制树形和产量，保证树体安全越冬，加强综合管理，为下一年生产奠定基础。

## 【学习产出目标】

1. 制订葡萄冬季修剪方案。
2. 掌握葡萄冬季修剪技术。
3. 掌握葡萄越冬埋土技术。
4. 完成冬季修剪质量评价检查记录。
5. 做好葡萄清园。

## 【工作程序与方法要求】

| | | |
|---|---|---|
| ● 制订修剪方案 | 根据制订的工作计划，开展落实工作，做好葡萄树休眠期修剪方案，主要开展的工作包括：<br>（1）果园基本情况调查的内容包括果园位置、果园面积、种植树种、品种、栽植模式、树龄、树形、树势等。<br>（2）制订修剪方案。<br>（3）根据劳动定额制订用工计划以及准备所需修剪工具、材料等，达到生产技术的要求。 | 要求：清楚调查项目，做好记录，明确修剪任务、工作措施、人员配置、成本费用、管理考核指标。 |
| ● 葡萄冬季修剪 | （1）分清主侧蔓、识别母枝 葡萄蔓冬剪时要先分清并选好主蔓与侧蔓，再从主、侧蔓中选壮而不旺的枝蔓作为新的结果母蔓，两母蔓相距不得小于30 cm。优质结果母枝色泽深、有光泽、枝蔓充分成熟，基2节径粗0.8～1.2 cm。节间较短，芽眼高耸饱满，鳞片紧。木质部发达，髓部小，组织致密，无病虫害。<br>（2）确定留芽量 影响冬剪留芽量的因素主要有采用的架式、整枝方式、树势强弱、芽眼萌发率及新梢结果枝比率。一般是比翌年春季架面留梢量多1倍为宜。如篱架面留新梢15～20个，冬剪时留芽量应为30～40个，按短梢修剪，则留结果母枝8～10个。<br>（3）延长枝修剪 成年树保留5～7个芽，进行中、长梢修剪。<br>（4）结果母枝修剪 大多数品种采用短梢修剪，保留2～3个芽短截。 | 要求：根据葡萄园具体情况，确定合理的留芽量，修剪应从下而上，从中间到两边，先疏除病虫枝、过密枝、重叠枝、交叉枝、贪青徒长枝、老弱蔓，修剪时剪口应距芽眼2～4 cm，防止芽眼部位水分蒸发而导致干枯枝增多。 |
| ● 越冬埋土 | （1）埋土的方法是先将下架葡萄枝蔓尽量拉直，不得有散乱的枝条，除边际第一株倒向相反外，同行其他植株均顺序倒向一边，后一株压在前一株之上，如此株株首尾相接，捆扎稳固，以便埋土和出土。<br>（2）防寒覆土20～30 cm，葡萄即可安全过冬。<br>（3）无论采用何种防寒法，埋土时都应在植株1 m以外取土，以免冻根。<br>（4）埋土时，土壤应保持一定湿度。 | 要求：重点是保护枝蔓不受低温与抽条伤害，土堆的宽度与厚度根据当地气候条件决定。 |

## 【业务知识】

## 一、葡萄防寒土堆的标准

严大义根据沈阳农业大学的调查提出的防寒土堆标准可作为北方地区葡萄防寒的参考。该标准认为，某一地区历年地温能稳定在−5℃的土层深度可作为防寒土堆的厚度，而防寒土堆的宽度为1 m加上2倍的土堆厚度。例如，根据气象资料，某地冬季土层40 cm深处温度为−5℃以上，则防寒土堆的厚度为40 cm，防寒土堆的宽度为180 cm。同时还要根据土壤质地等其他条件进行调整。如沙土导热性强，可在原标准的基础上增加20%。

## 二、如何选择清园药剂

清园药剂应根据当地病虫害发生的情况、天气等因素来决定，这样效果更佳。如雨水较多的地区可使用波尔多液；干旱少雨的地区或温度较适宜的地区可使用石硫合剂；病虫害发生较多的地区可使用戊唑醇＋毒死蜱，从而彻底杀灭病菌和虫害。

# 【业务经验】

## 葡萄冬季修剪的 5 种手法

葡萄冬季修剪的目的与其他果树是一致的，但是在具体做法上却有很大不同，这与葡萄的生长结果特性和组织结构的特殊性有关。现将葡萄冬季修剪的手法，以"截、堵、调、压、疏" 5 个字来加以表述。

**1. 截**

短截，主要针对一年生的枝条（结果母枝），通常根据其截留的长度（留芽数）可以分为极短梢（留 1 个芽）、短梢（留 2～3 芽）、中梢（留 4～5 芽）、长梢（留 6～8 芽）和超长梢（留 8～12 芽，甚至更长）5 种剪留规格。具体运用时，应根据树势、品种、架形、树龄、天气等因素而异。

如生长强旺、架面较空或幼树需要扩大架面，花芽分化期间雨水较多，东方品种群的品种如龙眼、牛奶、无核白以及红地球、美人指等节间较长的品种，剪截结果母枝时应多留芽。而对生长较弱的树体，以及花芽分化期天气较干旱，以及黑海和西欧品种群的品种如品丽珠、白羽、黑罕、玫瑰香、雷司令等，冬季修剪时对结果母枝的剪留芽数就可以少些，一般以短、中梢修剪为主。需要扩大架面的延长枝应适当多留芽，可以中、长梢的修剪方式对待。

考虑到葡萄枝蔓的髓部大，呈中空状态，仅在节间隔膜处为封闭状，所以修剪的剪口应放在节上，剪口不能离芽太近，否则会伤害剪口芽的萌发。

**2. 堵**

回缩，主要用于二年以上的多年生枝（蔓）。对已布满架面的成年葡萄，回缩是为了控制其结果部位的迅速外移，防止后部光秃的一种复壮更新的修剪方法。因为葡萄的年生长量大，一个新梢如不加控制可达 10 m 以上，并且可以多次分枝，分枝（副梢）数可达 10 次左右，如夏季树体管理不及时，极易形成架面郁闭，通风透光条件变劣，出现主蔓基部的结果母枝衰弱死亡、结果部位上移，而葡萄又必须在有限的架面上生长结果，所以在冬季修剪时，发现结果母枝有衰弱趋势时，应及时对多年生的主蔓进行回缩修剪，抑前促后，使后部快要衰弱的母枝能及时复壮。回缩修剪法非常符合葡萄的枝蔓质地轻、韧皮部和木质部所占的比例很小而髓部的比例相对较大的结构特性。葡萄在冬季修剪时一般不用疏枝，而较多是采用短截和回缩，要掌握"宜堵不宜疏"的特点，采用这种修剪方法，可使葡萄"越剪越年轻"。

**3. 调**

调整葡萄各枝蔓间的生长态势，主要用于采用多主蔓整形的植株上。由于各主蔓间生长的姿态不相同，形成了强弱各异，直立生长的枝蔓就比倾斜及水平生长的枝蔓强旺。为使它们之间生长势得到平衡，能充分利用好架面上的太阳光能，对于生长势强的主蔓可以通过引绑加大它的生长角度，使其从直立生长转为倾斜生长，生长势由强趋弱；而对于长势较弱的主蔓可以使它直立生长，使其长势由弱转强。

**4. 压**

压蔓，此法是对已布满架面的成年葡萄树，或个别主蔓下部已出现光秃或在衰弱的主蔓上尚有能利用结果的母枝时，采取将光秃的主蔓部分压入土中，使其生根，增加植株的根量。这种做法不仅有利于植株生长势转旺，使蔓上本来生长较弱的母枝能转强，而且可以发挥植株的生长潜力，使葡萄架面扩大。具体做法是先将主蔓的被压部位用刀纵伤，再将主蔓由浅入深地压入土中，深度为 20～30 cm，压蔓时应掌握"缓入急出"，目的在于使压蔓部位前端的枝叶所制造的营养向下运输时能积聚在压蔓的急出部位，有利于发根。被压蔓冬季与母株脱离，成为一株能独立生长的植株。

**5. 疏**

疏枝，在葡萄冬季修剪上，一般不主张进行疏枝，因为葡萄枝条剖面上，木质部与韧皮部所占比例很小，疏枝会严重削弱植株的生长势。但是，对一些生长衰弱的老葡萄树，为了促使植株的更新和保持有一定的产量，可以对衰弱的老蔓进行有计划的疏除，以促进地下部的产生萌蘖，培养成新的主蔓。对于一些在生长期疏于管理的葡萄，冬季修剪时为了使架面上的枝条能均匀分布，确实需要疏去部分一年生枝（母枝）时，也只能对要疏的一年生枝（母枝）进行极短稍剪截，待次年萌芽时，再抹去该枝上的嫩芽。

总之，葡萄冬季修剪是一项综合技术，应从多方面考虑，采取多种方法配合，才能取得理想的效果。

## 【 工作任务实施记录与评价 】

### 1. 农事活动记录表

基地名称：＿＿＿＿＿＿＿＿　　　　　　　　　　记录人：＿＿＿＿＿＿＿＿

| 日期 | 天气 | 农事活动内容 | 劳作人数 | 执行人 | 完成结果 | 备注 |
|---|---|---|---|---|---|---|
|  |  |  |  |  |  |  |
|  |  |  |  |  |  |  |
|  |  |  |  |  |  |  |

### 2. 制订修剪方案

| 师傅指导记录 | 修剪方案质量评价 | 评价成绩 |
|---|---|---|
|  |  |  |
|  |  | 日期 |
|  |  |  |

### 3. 劳动力、用具等使用记录

| 日期 | 劳动力用量 | 修剪工具 | 其他材料 |
|---|---|---|---|
|  |  |  |  |
|  |  |  |  |
| 检查质量评价 |  |  | 评价成绩 |
|  |  |  | 日期 |

### 4. 工作质量检查记录

| 日期 | 主要任务 | 具体措施 | 完成情况 | 效果 | 备注 |
|---|---|---|---|---|---|
|  |  |  |  |  |  |
|  |  |  |  |  |  |
|  |  |  |  |  |  |
|  |  |  |  |  |  |
| 检查质量评价 |  |  |  | 评价成绩 |  |
|  |  |  |  | 日期 |  |

### 5. 学徒关键职业能力及职业品质、工匠精神评价

| 项目 | A | B | C | D |
|---|---|---|---|---|
| 工作态度 |  |  |  |  |
| 吃苦耐劳 |  |  |  |  |
| 团队协作 |  |  |  |  |
| 沟通交流 |  |  |  |  |
| 学习钻研 |  |  |  |  |
| 认真负责 |  |  |  |  |
| 诚实守信 |  |  |  |  |

# 项目三
## 桃树生产技术

【专业知识准备】

## 一、桃生产现状

桃原产中国，种质资源丰富，栽培品种繁多。全国桃种植面积近年来逐步增加，从 2013 年的 1 149 万亩增加至 2017 年的 1 300 万亩，年增长 3.1%。平均亩产量约为 1 080 kg。我国桃的自然产区主要有西北、华东、华北三个地区，另外还有西南和东北两个新产区。在栽培中，鲜食普通桃占主导地位，占桃栽培总面积的 70%，如白肉品种的肥城桃、五月鲜、湖景蜜露等，黄肉品种的锦绣等，还有红肉品种作为地方名特优在河南、湖北等发展良好；油桃发展迅速，实现了三代更新，新品种不断涌现，主栽品种有曙光、中油桃 4 号、中油桃 5 号、中农金辉、双喜红等，占桃栽培总面积的 20%；蟠桃走俏市场，占桃栽培总面积的 5% 左右，主栽区域在新疆、北京、江浙沪一带，品种主要有早露蟠桃、早黄蟠桃、农神蟠桃、玉露蟠桃等；加工桃占桃栽培总面积 4%，集中在辽宁、山东、安徽、浙江等地，主栽品种有金童 6 号、金童 7 号、金露等；观赏桃占桃栽培总面积的 1%，成为早春主要的观赏树种，品种主要有红花碧桃、绛桃、人面桃、红叶桃以及探春、迎春、元春、报春等新品种。

## 二、中国桃生产存在的问题

### （一） 品质低

我国桃产量前三位的省分别是山东、河北、河南。我国桃树的栽培特点就是散，设施栽培在过去的二十多年迅猛发展，但是现在遇到了一个瓶颈，就是品质问题。

### （二） 种植结构需调整

从果树类型的组成上来看，现在普通桃占 20%、油桃大概占 20% 多，蟠桃只占

3％，罐桃占 4％，与观光农业相关的观赏桃，占比不足 1％。

（三）　生产成本高

从现在的桃果生产成本来看，劳动力成本占整个生产成本的 57％，因此，省力化栽培将是未来发展的一个重要方向。在物质成本里面化肥、农药两项加起来占 50％以上，在"十三五"期间国家的重点研发计划就要做"双减"（减肥、减药）。这一方面是从降低成本考虑，另一方面是从安全角度考虑，这也是桃果生产提高品质、提高安全性的重要方面。

# 三、商品化桃园生产情况

（一）　品种选择

油桃：早红宝石、曙光、华光、艳光、早红 2 号、五月火、千年红、双喜红、中油桃 4 号、中油桃 5 号等。

蟠桃：早露蟠桃、早油蟠桃、中油蟠 1 号、早硕蜜蟠桃、早黄蟠桃等。

（二）　整形修剪

桃干性弱，萌芽率高，成枝力强。叶芽具有当年形成、当年即可萌发的早熟性，即一年可多次发枝、形成多级次枝条，因而成形快、结果早，这是其栽植第 2 年就能结果的生理基础。

**1. 整形**

匍匐桃树常用树形为匍匐状自然扇形。

（1）树体结构及幼树期整形修剪

①定干及当年修剪　栽植时定干，定干高度 40～50 cm，剪口下应有 5～6 个饱满芽。夏季注意培养中干的延长枝和由基部向东西两侧生长的两个主枝，其余枝条摘心控制，培养结果枝。

当年冬剪时，中干延长枝留 60 cm 左右，剪口留侧芽；对向两侧生长均衡的两个主枝分别剪苗 50 m 左右，剪口芽留在外侧。剪口下第 3 芽留在外斜侧，以备选侧枝。

②第 2 年修剪　抹除背上枝（芽），控制各主枝下方的竞争枝，培养各主枝的延长枝。对延长枝以外的其他枝条（轴养枝）及时摘心控制，培养结果枝组。各主枝上枝条间距以 10～15 cm 为宜，及早抹除过密的枝芽。

冬剪时，中干和主枝延长枝的剪留长度与第 1 年冬剪相似，它们剪口芽选留的方向和剪口芽下第 3 芽的选留方向与第 1 年冬剪时相同，在两侧主枝上选留第 1 侧枝，剪留 45 cm 左右，在中干上不选侧枝，只培养结果枝组。

③第 3 年修剪　夏剪时，抹除背上枝（芽），控制竞争枝，辅养枝摘心控制，培养结果枝组。疏除过密枝芽的原则和方法与第 2 年相同。如果主枝延长枝的方向不符合要求，可用其下方位合适的副梢取而代之。

冬剪时，在中干上的两侧选留第3和第4主枝，在两侧的主枝上第1侧枝的对侧选留第2侧枝，均需适当短截，长度45～50 cm。

经过3年的修剪，树形已基本形成并有相当的产量，每株树可产10～15 kg的果实。匍匐桃树的整形，也可整成盘状漏斗形。其整形方法是利用匍匐树的横向生长优势，将两侧主枝上的基部外侧的旺枝或其第1侧枝拉向后方，并在其上培养侧枝。这样，整个树形从外观上呈盘状漏斗形。

（2）盛果期的修剪　匍匐桃栽后5年即可进入大量结果的盛果期。此期修剪的主要任务是调节生长和结果的关系，维持健壮的树势，防止结果部位外移，克服主、侧枝下部光秃，达到高产、稳产、优质的目的。

①主侧枝的修剪　其修剪方法原则上与幼树相同，只是延长枝的剪留长度逐步递减，每年缩放结合，调整树体长势均衡。

②克服主、侧枝基部光秃的修剪方法　形成光秃的内在原因，主要是桃树萌芽率高而存留的隐芽数量少，加之隐芽寿命短，一旦出现光秃，枝条前后脱节，就很难抽生出弥补空缺的枝条。形成光秃的外在原因，就是前期盲目追求高产，基部枝条结果过多而导致果枝营养亏缺、组织不充实、越冬后枝组枯死；修剪时缺乏枝组更新意识，未留或很少留预备枝，形成结果部位外移，下部出现光秃带。

克服基部光秃、结果部位外移，除了盛果初期适量结果，保持健壮树势外，进行更新修剪是关键性措施。更新修剪分单枝更新和双枝更新两种。二者结合运用，以后者为主。单枝更新是对结果枝剪留3～6节，既能当年结果，又能使其下部发出较旺的新梢作为来年结果的预备枝。预备枝成花后，翌年结果。

双枝更新是留预备枝的更新，方法是以相邻的两个（果）枝为一组，上部的剪留8～10节使结果，下部的重截剪留2～3个节，作为预备枝，第2年冬剪时，将上部结过果的枝缩剪掉，对预备枝上发出的两个新梢按上年剪法操作，反复进行。

③对结果枝和预备枝的选留　结果枝宜选留筷子粗细的长果枝，一般不留花束状果枝。短果枝过多时疏去一部分。下部徒长性果枝，一般不宜作结果枝，有空间时，可改造成大型枝组，方法是当时摘心（或重短截），留斜生的二次枝培养枝组，避免光秃。

预备枝要选留壮枝，细弱枝越冬后容易枯死，起不到预备枝的作用而导致基部光秃。

**2. 夏季修剪**

桃萌芽率高，副梢可多级次发生，因而极易树冠部郁闭，通风透光不良，影响枝条的充实和花芽的质量，夏季修剪就显得非常必要，不可或缺。

（1）第1次夏剪　在花后一周进行。主要任务是抹除多余的梢和新梢，留芽和新梢的间距为10～15 m；选留骨干枝先端1个方位角度合适的新梢作为延长枝；对冬剪所留过长的果枝缩剪到果实适宜的部位；未坐果的果枝缩成预备枝。

（2）第2次夏剪　在花后30～40 d进行。主要任务是摘心与剪梢。调整骨干枝的角度与方向，即选用方向、角度适宜的副枝作延长枝，将其下的副梢摘心控制；控制竞争枝。剪口下的竞争枝，密者疏除，如不密且有副梢者，留下 1～2 个副梢后剪去上部，无副梢者留 30 m 短截，然后对副梢去直留平，培养成枝组；对徒长枝，密者疏除。有空间时可留下部 1～2 个副梢剪截，培养成枝组。

此期夏剪，宜疏、摘结合，以疏为主，摘心为辅。如果摘心过多，会抽发更多的副梢，恶化树冠光照条件。

（3）第 3 次夏剪　在 7 月中下旬进行。主要任务是促进花芽分化。果枝摘心，对尚未停止生长的长果枝剪去 1/5～1/4，促进花芽分化；副梢摘心。对延长枝上的和上次控制的竞争枝和徒长枝的副梢进行摘心，促进花芽分化。

（4）第 4 次夏剪　在 8 月下旬至 9 月上旬进行。主要是通过对大多数新梢和副梢进行摘心，抑制生长，促进花芽后期发育与枝条充实。

以上 4 个时期的夏剪，没有严格的时间界限。可随时进行抹芽、疏除过多副梢及副梢的摘心等工作。

（5）抑制旺长　健壮的树势是花芽分化和果实分充实发育的基础，但旺盛的树势又必然引起枝梢的旺长，这就增大了夏剪的难度和工作量。生长延缓剂具有抑制新梢生长，使节间缩短、树体矮化紧凑，促进花芽分化的作用，可以解决结果与生长在营养分配上的矛盾。生长延缓剂的使用可部分代替夏剪，所以具有"化学修剪"的作用，常用的抑制剂有 $PP_{333}$ 和 PBO。

①$PP_{333}$（多效唑）使用时期和方法　在新梢长至 20 cm 时、旺长前使用。使用方法：土施，按每平方米树冠用药 1 g，对水后均匀施入沟内、然后覆土。土施省工、省药，但会出现抑制过重和树冠抑制不均衡的现象；喷施，在 6—7 月份，喷 15％$PP_{333}$ 200 倍液，间隔 10～15 d，根据新梢生长状况，共施 2～3 次。

②PBO 的使用方法　在旺长前喷施 150 倍液，根据新梢生长状况，间隔 10～15 d，再喷 2～3 次。它不仅具有 $PP_{333}$ 的作用，还可增大果实，提高含糖量，减轻落果、裂果，提早成熟。花前喷施还可抗晚霜冻害，提高坐果率。

**3. 树体管理**

（1）树冠分层　进入盛果期后，树冠枝繁叶茂，即便进行适时合理的夏季修剪，匍匐树冠中下部不良的光环境仍不能满足果实发育、花芽分化和枝条充实对光照条件的要求。为解决这一问题，必须把树冠用木棍支成两层，使下层与上层之间留有 60～70 cm 高的透光带。这就要求用长度不同的几种木棍进行支撑。

（2）扣压　为便于进行地膜覆盖，必须使桃树的主枝与地面约成 45°生长。这就要求每年从 8 月中下旬开始，将自然直立生长的树枝进行扣压。方法是在地上打桩，用绳索将各主枝拉至适宜的方向和角度。这项工作，从栽树的第 1 年开始，每年进行。

**4. 冬剪时期**

盛果期匍匐桃树在春季解除覆盖物后进行冬剪，大多在开花前完成。为避免晚霜冻害，出土较晚或树势过旺，可在开花坐果后进行冬剪，以免枝叶生长而"冲（掉）花"，保证较高的坐果率。

（三）肥水管理

**1. 施肥**

根据施肥的时期，可分为基肥和追肥，根据施肥的方法，则有混土施肥和根外追肥之分。

（1）基肥　桃树对氮、磷、钾需求比例为 $1:0.5:1.5$。具体到施肥量，有机肥为产量的 2 倍即"1 斤果 2 斤肥"。基肥中每树还要加 $1\sim2$ kg 的磷肥。基肥施用时期宜早不宜晚，北疆地区在中熟品种采收后即可进行。早施基肥的好处：当时气温较高，利于施肥过程中根的伤口愈合；根系在较高温度条件下，能吸收利用基肥中的营养元素充实枝芽。施肥方法：幼树用环状沟施，深度 $30\sim40$ cm；大树以辐射状沟为好，深度 $40\sim50$ cm。肥料需与土混匀，尽可能施到根系分布多的匍匐树冠下部。

（2）追肥　主要使用化肥，追肥的用量按每 100 kg 的产量，追施氮肥 800 g、磷肥 300 g、钾肥 600 g。

追肥时期可分为开花前、开花后、花芽分化前期和分化期进行。前期（7 月中旬前）以氮、磷为主；后期施磷、钾肥而不再施氮肥。一般每亩每次追肥量为尿素 $20\sim30$ kg、二铵 $30\sim40$ kg、钾（硫酸钾）$30\sim40$ kg。追施氮、钾化肥可 10 cm 浅埋。追施磷肥，由于其移动性差，宜深埋 20 cm。每次施肥后均应浇水。

（3）根外追肥　主要用于补充营养和预防或纠正生理缺素症，参看表 3-3-1。

表 3-3-1　叶面喷肥主要种类和使用浓度

| 肥料名称 | 使用时期 | 使用浓度/% |
|---|---|---|
| 硼砂 | 芽鳞开裂 | $0.1\sim0.2$ |
| 尿素 | 生长中期 | 0.3 |
| 硫酸亚铁铵 | 因缺 Fe 有黄化迹象时 | $0.2\sim0.4$ |
| $KH_2PO_4$ | 硬核前，果实膨大期第二期 | $0.3\sim0.4$ |
| $ZnSO_4$ | 芽鳞开裂后 | $0.1\sim0.3$ |
| $MnCl_2$ | 因缺 Mn 叶肉退绿时 | $0.2\sim0.3$ |

目前农药市场上叶面肥的种类很多，可根据需要和经验选用。

**2. 浇水**

桃树虽比其他果树耐旱，但为了丰产、稳产、优质，生长季节不可缺水。浇水的时间和次数，应根据土壤水分状况而定。一般出土后浇 1 次，但由于出土后桃树很快进入开花期，所以，在冬灌基础上，土壤不太缺水的情况下，出土后（即开花前）不可浇水，以免加重落花。花后和硬核期各浇 1 次，由于气候炎热，以后每隔 25 d 浇 1 次，采前 2 周浇 1 次，越冬前浇 1 次。每年浇水 $6\sim8$ 次。桃树浇水时不能积水，特别是夏季，若积水超过 1 d，容易成落叶、烂根而死亡。

（四）果实管理

果实管理主要是做好疏果工作。桃花量大，易结果过多，既影响果实品质，又影响花芽分化，还会使树体早衰，降低抗寒力。因此，坐果率过高时，疏果是保证产量稳定和提高品质最有效的措施之一。北疆由于晚霜频繁，桃树不进行疏花而仅进行疏果，一般应在花后 1～2 周坐果相对稳定时进行，到硬核期开始时完成，早疏有利于节省养分。先疏早熟品种，后疏中、晚熟品种。

一株树的果量可根据树势、坐果量和肥水条件而定。留果的多少根据果枝种类和果型大小来确定。强壮长果枝留果 3～4 个，中果枝 2～3 个，短果枝留 1～2 个，花束状果枝留 1 个或不留，预备枝上不留果。疏果时，宜多留中长果枝前端（上部）果，有利于果枝更新和果实品质的提高。

（五）防寒越冬

**1. 覆盖防寒**

覆盖防寒是北疆地区桃树栽培的一项重要工作。埋土前要灌足封冻水。埋土时间在 10 月底至 11 月上旬。埋土方法：提倡带叶埋土，可以省去部分昂贵的稻草和秸秆；将树体分成几部分分别捆扎，其上覆草，再用 20 cm 厚的土压严；用厚塑料布或蛇皮布罩住树冠，再用土把四周压实，加上冬季降雪覆盖，也可安全过冬；石河子市 143 团不少桃园全部用较厚的玉米秆覆盖，周边压土。注意覆土前在冠下和园地四周放置毒饵灭鼠。

**2. 出土**

应把握好出土的时间，避免霜冻和捂芽。从 3 月下旬开始在土堆北边启洞放风，降低堆内温度，避免捂芽。撤除覆盖物应分 2 次完成，4 月上旬先撤除覆土，完全撤除覆盖物的时间应在 4 月 20 日以后。花蕾露红时出土也算正常，不必担心没有时间冬剪，推迟到花后冬剪还有助于提高坐果率。这样可有效避开晚霜冻害。

## 【典型人物案例】

### 种桃工匠赵逸人，阳山最美种桃人

无锡有个阳山镇，这里的水蜜桃是无锡著名特产之一，已有近 70 年的栽培历史，阳山水蜜桃以其形美、色艳、味佳、肉细、皮韧易剥、汁多甘厚、味浓香溢、入口即化等特点而驰名中外。

阳山镇有个赵逸人，她跟水蜜桃有着不解之缘，在当地桃农中无人不晓。从到阳山镇，赵逸人在种桃这条路上一走就是 30 多年，帮当地桃农解决的问题难以计数，她是阳山镇众多桃农心目中的"最美农艺师"，桃农都亲切地叫她"赵老师"。

赵老师当年从南京农学院毕业就来到了阳山，她充分利用自己的专业知识结合阳山桃农的经验，先后主持和参与了"桃树人工授粉技术""桃树省工节本丰产技术"等十多个科研项目的研究及推广应用，为提高桃农科学种植水平起到了重要作用。

30多年的时间，赵老师都奉献给了水蜜桃，不分工作日和周末，也不管她有多忙，只要是桃农打来的电话，她总是耐心回答，甚至直接奔赴现场查看，帮助桃农找桃树病害原因，找解决问题的措施，将损失降到最低。

| 典型人物事迹感想： |
| --- |
| |
| 典型人物工匠精神总结凝练： |
| |
| |
| |

# 任务1　生产计划

在企业师傅指导带领下，制订桃园年度生产计划和目标任务分解，研究制订本部门、本片区桃树生产工作计划，年度培训计划，与种植基地单位或种植户沟通检查落实生产资料和设备准备情况。

## 【任务目标与质量要求】

制订桃园年度生产计划和目标任务分解；研究制订本部门、本片区桃树生产工作计划；检查落实生产资料和设备准备情况。

## 【学习产出目标】

1. 了解桃出土前后主要作业流程与质量要求。
2. 制订桃年度生产工作计划。
3. 熟知需要准备的生产资料。
4. 制订维修农机具计划。
5. 完成月度工作质量检查记录。

## 【工作程序与方法要求】

根据公司下达的任务和各项指标，制订本片区年度生产工作计划。生产计划制订的内容：①目标任务和各项指标；②各品种面积落实；③技术改进措施安排；④种植户培训和观摩；⑤月度工作质量检查记录；⑥阶段工作总结等。

| | | |
|---|---|---|
| ● 调查桃园基本情况 | 根据公司生产部生产目标，调查桃园基本情况，为制订生产计划奠定基础。桃园基本情况调查的内容：<br>（1）桃园的基本资料和基本情况，如桃物候期资料，桃园主要病虫害发生规律，桃园所在地气候资料及自然灾害发生时间、强度及危害情况，与桃生长发育有关的土壤、水分及其他条件情况等。<br>（2）收集与桃生产有关的技术标准作为制订方案的依据。<br>（3）调查市场，掌握桃销售市场对桃及其生产技术的要求。 | 要求：清楚公司运营模式及生产目标，明确调查任务，调查要详细，表述要清晰。 |
| ● 制订桃园生产计划 | 根据桃园调研的基本情况，由生产负责人组织技术员、生产工人并吸收销售人员共同制订桃园生产计划。桃园生产计划的内容：<br>（1）根据桃园生产环境条件、技术能力及果品市场要求确定果品生产目标。<br>（2）根据标准要求，确定桃园生产采用的生产资料。<br>（3）根据桃物候期、病虫害发生规律、当年气候特点，按照相应的标准要求制订桃园全年工作历。<br>（4）按照综合性、效益性的原则，以各个物候期为单位，以物候期的演化时间为顺序，将单项技术全年工作历有机合并、选优组合，形成桃园生产计划。 | 要求：桃园生产计划项目齐全，工作措施明确，人员配置、成本费用准备充足，按标准准备资料及管理考核。 |
| ● 准备生产资料及培训 | 按照桃园生产计划，准备生产资料，并检查资料准备是否符合标准，生产资料数量是否充足，做好入库登记，组织员工进行技术培训工作，做好种植基地或种植户的培训和观摩计划。按要求办理财务手续。 | 要求：准备资料数量充足，生产资料符合生产标准要求，做好生产资料记录，严禁出错。 |

## 【业务知识】

### 果园提升必备：生产记录本及记录内容

在果园经营中，不管是小规模还是大面积，准确地了解自己的果园和果树，是提高技术水平的重要基础。提升技术水平，需要积累经验，之后进一步将经验和数据进行结合。而这个积累经验和提升过程中，如何运用生产记录本及记录内容来全面了解所种的果树，改进果园的管理及技术，则是一个很重要的方面。

那么如何进行记录，以满足我们生产经验总结和监管的需要呢？

### 1. 记录重点

重点要记录果园作业方面的内容，比如修剪、施肥，疏果等。对于这些操作最好按日进行记录，并且需要进行说明，比如某月某日修剪了哪一块地，修剪对象的情况，比如品种、树龄，修剪过程中出现的问题等，施肥时肥料的种类、用量、施肥方法等。对于这些作业内容的记载原则上越详细越好，这样在未来需要追溯前期管理时更有针对性，并能够追溯到某些细节方面，有利于寻找原因或进行总结改进。

### 2. 气候情况

气候情况原则上可以通过当地的气象局拿到周年的记录。但有时气象资料与果园的实际情况还是有些出入。这里面气候情况主要记录的是下雨（大、中、小雨），是否刮大风、台风、西北大风等，霜冻、冷空气、寒潮、下雪等这些对果树生长和管理有影响的气候情况。此外，还需要记录如是否出现了水淹等情况。

### 3. 生产资料购买和处置情况

果园投入品的采购情况需要另行记录，最好可以附相应的货单，如果因过期之类原因进行处理的投入品，也需要记录说明。

### 4. 农产品的销售情况

在采摘销售记录中，需要记入采摘量、分级包装量、销售量等相应的数据，并且需要把这些产品卖到哪里等销售情况也进行记录，这样有利于整理全部产品的销售信息。

做好生产记录并养成习惯，是成为一名合格的果园经营者的必修课。

## 【业务经验】

### 新疆北疆地区桃树生产管理历

| 月份 | 物候期 | 主要管理措施 |
|---|---|---|
| 3月份 | 萌芽前期 | ①桃树冬季修剪，大的剪锯口涂愈合剂保护伤口；②施芽前肥；③发芽前喷5波美度石硫合剂；④疏通沟渠，维修道路。 |
| 3月底—4月中旬 | 萌芽和开花期 | ②花前复剪；②花果管理，做好疏花疏果和保花保果工作；③夏季修剪，抹芽除萌；④疏沟排水，中耕除草；⑤防治病虫害。 |
| 4月下旬—5月中旬 | 幼果发育及新梢生长期 | ①疏果；②夏季修剪，抹芽除萌；③果园除草、肥水管理，配合根外追肥；④防治病虫害。 |
| 5月底—6月中旬 | 果实膨大期 | ①第2次疏果；②中耕除草；③早熟桃施膨大肥；④夏季修剪，扭枝、摘心、疏枝；⑤套袋；⑥套袋前防治桃蛀螟、梨小食心虫、桃褐腐病等；⑦硬核期对水肥敏感，因此要做好此期肥水管理，缺水肥或水肥过量均会引起落果；⑧套袋果注意补钙。 |

续表

| 月份 | 物候期 | 主要管理措施 |
|---|---|---|
| 6月下旬—8月底 | 果实成熟与采收期 | ①做好夏剪和秋季修剪工作；②追施膨果肥；③早熟品种果实采收后保好叶片，不要造成早期落叶；④做好桃套袋工作，特别是晚熟品种；⑤中、晚熟品种，严格按病虫发展规律用药。 |
| 9—10月份 | 落叶期 | ①深翻除草；②秋施基肥，以有机肥为主，速效肥为辅，施后灌水；③防治病虫害；④落叶后及时清扫果园，清除落叶、落果、病枝、杂草并烧毁；⑤准备越冬防护材料。 |
| 11月初—3月上旬 | 越冬休眠期 | 做好越冬防护，覆土或覆盖稻草帘、秸秆、彩条布等。 |

## 【工作任务实施记录与评价】

### 1. 桃园气候条件调查

调查人：_____　　　　　　　　　　　调查时间：_____

| 调查地点 | 年平均温度 | 最高温度 | 最低温度 | 初霜期 | 晚霜期 | 年降雨量 | 雨量分布情况 | 不同季节的风向风速 |
|---|---|---|---|---|---|---|---|---|
|  |  |  |  |  |  |  |  |  |
|  |  |  |  |  |  |  |  |  |
|  |  |  |  |  |  |  |  |  |
|  |  |  |  |  |  |  |  |  |
|  |  |  |  |  |  |  |  |  |
| 灾害性天气说明 |  |  |  |  |  |  |  |  |

### 2. 桃园土壤条件调查

调查人：_____　　　　　　　　　　　调查时间：_____

| 调查地点 | 土层厚度 | 土壤肥力 | 土壤酸碱度 | 有害盐含量 | 地下水位 |
|---|---|---|---|---|---|
|  |  |  |  |  |  |
|  |  |  |  |  |  |
|  |  |  |  |  |  |

**3. 果园生产情况**

| 基地或种植户 | 果园面积 | 去年产量 | 果园存在的主要问题 | |
|---|---|---|---|---|
| | | | | |
| | | | | |
| | | | | |
| 信息获取 | | | 评价成绩 | |
| 情况评价 | | | 日期 | |

**4. 学徒关键职业能力及职业品质、工匠精神评价**

| 项目 | A | B | C | D |
|---|---|---|---|---|
| 工作态度 | | | | |
| 吃苦耐劳 | | | | |
| 团队协作 | | | | |
| 沟通交流 | | | | |
| 学习钻研 | | | | |
| 认真负责 | | | | |
| 诚实守信 | | | | |

# 任务 2　休眠期的管理

休眠期从树体落叶休眠到翌年芽萌动为止。在休眠期树体生命活动处于相对静止状态，春季随温度上升根系先于芽的萌动而开始活动，吸收水分和养分，供树体生长发育需要。

## 【任务目标与质量要求】

此期桃园的生产目标是保证安全越冬，完成冬季修剪，准备新一轮桃园生产。

## 【学习产出目标】

1. 熟知桃树整形修剪相关概念（枝芽特性、修剪的原则和依据）、修剪时期、果树树形、修剪基本方法、修剪程序。

2. 桃树修剪方案及修剪质量检查记录。

3. 桃园整形修剪技术总结。

4. 检查记录单。

5. 完成农机具检查相关记录。

## 【工作程序与方法要求】

| 制订修剪方案 | 根据制订的工作计划，开展落实工作，做好桃树休眠期修剪方案，主要开展的工作包括：<br>（1）桃园基本情况调查，包括桃园面积、种植品种、栽植模式、树龄、树形、树势等。<br>（2）制订修剪方案。<br>（3）根据劳动定额制订用工计划以及所需修剪工具、材料等，达到生产技术的要求。 | 要求：清楚调查项目，做好记录，明确修剪任务、工作措施、人员配置、成本费用、管理考核指标。 |
|---|---|---|
| 落实方案 | 公司统一管理，企业师傅指导，由生产负责人组织技术员、生产工人，全员参与。修剪的具体任务有3项。<br>（1）调整骨干枝的枝头角度和生长势　如角度小时可留外芽或利用背后枝换头，开张角度，缓和长势；当骨干枝延长枝生长量小于20 cm时，说明树体已经衰老，或枝头角度过大时，可选择长势和位置合适的抬头枝来代替，抬高角度，促进生长。同时对各主枝之间要采取"抑强扶弱"的方法，保持各主枝之间的平衡。<br>（2）结果枝组的更新复壮和结果枝修剪　注意随时在结果枝组下部培养预备枝，采用"放出去、缩回来"的办法，使结果枝组靠近骨干枝。结果枝组以圆锥形为好，当枝组出现上强下弱时，及时疏除上部的强旺枝，促使下部结果枝生长健壮，防止枝组下部光秃，延长枝组寿命。当结果枝组枝头下垂时，及时回缩到头枝处，恢复枝组的生长势。一般以修剪后的结果枝枝头之间距离保持10～20 cm为宜。<br>（3）保持树体生长势的均衡　对不能利用的徒长枝和细弱枝要尽早疏除以减少营养消耗，防止下部枝条生长势减弱。 | 要求：修剪前检查并准备好工具，要求工具坚固、轻便、长期保持锋利、省力，严格按照修剪方案，并根据果树实际情况进行修剪；按照修剪流程进行，修剪工人必须是熟练工人。对于整个果园来说，没有遗漏未剪的；对于一棵树，没有剪错、漏剪的。 |
| 灌水、保墒 | 萌芽前后追施1次速效肥，补充树体贮藏营养的不足，促进根系生长，提高坐果率，追肥以氮肥为主，未进行秋施基肥也可补施基肥和磷肥。 | 要求：灌水适量。 |
| 树体保护 | 对修剪造成的直径在1 cm以上的伤口要涂抹保护剂，防止剪锯口处枝、芽抽干。盛果期大树应在萌芽前刮除主干和主枝的老皮，以消灭越冬害虫。一般天敌开始活动的时间早于害虫，为了保护同在老树皮中越冬的天敌，应适当晚些刮树皮。同时要及时清理果园中病虫枝、老皮及枯落叶，集中烧毁或深埋。然后在芽萌动前喷布3～5波美度的石硫合剂以消灭越冬病虫，对蚧壳虫发生较重的个别植株和枝干，可人工用洗衣粉水刷除。采取埋土防寒或覆草防寒的幼树要在春季温度回升后及时撤除覆盖物。 | 要求：以预防为主，根据气候及病虫害发生规律及时预防，药剂选择符合绿色果品生产要求。 |

# 【业务知识】

## 冬剪怎样判断桃树的树势

冬季整形剪枝时对树势的强弱识别，是决定修剪轻重的一个重要依据。我们常说，"以树定产，以产定枝，以枝定果"，剪前一定要识别这棵树的强弱，包含主枝和结果枝的强弱，据此，在修剪过程中分别采用疏、堵、截等多种方法相兼容的手法，才能达到平衡树势、恢复树势、合理留枝，合理留果。

**1. 旺树**

特强旺树，徒长枝多，内膛弱枝也不少，造成了枝势两极分化。这种情况一般是施氮肥过多造成的，在生长季节，叶片大、停长晚、枝条成熟度差、绿色多。建议加强夏管夏剪，压强扶弱，提早平衡树势，秋梢停长时可一次修剪到位。

**2. 强旺树**

徒长、强旺枝略少，长果枝多，叶片大，前梢端叶色绿黄。冬季结果枝红绿比为4∶6，适时适量采取夏管夏剪与秋剪冬剪相结合。

**3. 壮树**

少量强旺枝，长果枝占1/4、中果枝占2/4、短果枝占1/4，枝条壮实，花芽饱满，生长期叶片较大而厚，有光泽。冬季红绿比为6∶4左右，可正常修剪。

**4. 弱树**

几乎没有徒长枝和强枝，长果枝少、短果枝较多、中庸枝次之，生长季节叶较小而薄，没有光泽。花芽比较瘦，结果枝冬季红绿比为8∶2，红色较淡，主枝过弱可重回缩，结果枝可短截少结果，以恢复树势。

对于缺素症的黄叶病、小叶病，主干上流胶病较严重的，根腐烂病，化控过重的应同视为弱树修剪处理。

# 【业务经验】

## 怎样防治桃树流胶病

桃树发生树体流胶病是桃园常见的病害，这让许多种植户感到非常的棘手和无奈，流胶病轻则造成树势衰弱，影响产量和品质，重则导致枝条干枯，甚至死树毁园。根据生产实践经验，应注意以下这几个问题，就能在防治桃树流胶病的方面能取到事半功倍的效果。

**1. 建桃园重选址**

桃树根系分布浅，对土壤要求相对较高，耐旱怕涝，在平地大田栽培，一定要起垄。搞好排水防涝，便于浇水防旱等防护措施，这是防止桃树流胶病的重要一环。土质黏重、土壤板结，亦能严重影响桃树正常生长，可致使树势衰弱，免疫力下降，是引发桃树流胶的重要因素。在山地、岭地所种植的桃树一般树体健壮，整体抗病能力强，除了人为因素及自然灾害外，流胶病很少发生，所以建桃园的选址，应尽可能选在高燥处，旱能浇、涝能排的地里。

**2. 修剪要适度**

对已留多年的大枝，要有目的、有计划地逐年疏除，切忌一次性疏除，以免留下大量伤口，使桃树产生应激反应，内部生理失调，而发生大量流胶现象。夏季修剪要注意，对一些强旺枝条，除留作备用枝条的，先去帽，到冬季再疏除，由于夏季雨水多，要避免因一次性疏除造成剪锯口感染而大量流胶。如果因修剪不当而产生流胶也不要乱治，只要用石硫合剂原液，涂抹流胶部位，每周2次，坚持用药3周，基本能控制病害。

**3. 老桃园的管理要着重**

果树树龄越大，树体抗病能力越差，病虫害接连不断，得流胶病的概率大增。对老桃园要增施饼肥、有机肥、各种微量元素，化肥要氮、磷、钾配合施用，要偏重于施用磷钾肥，冬季要满园深翻，从树盘往外，由浅至深翻土，结合施用有机肥，这样既能冻死越冬害虫，又能熟化风化土壤。给老果树一个良好的外部生长环境，以减少流胶的危害。

**4. 合理协调生长与结果的关系**

在生产管理中，一定要采取各种措施，合理负重，保持树势稳定，切忌人为增加负载量，造成树体营养不良，树势衰弱，产生大量流胶。应及时疏果，勿要贪图一时的高产而造成累死、累伤果树的后果。

**5. 冬季要防寒保温**

果树冬季涂白，可增强树体防冻抗寒的能力，春季萌芽前，全园全株淋洗式喷3～5波美度石硫合剂，特别是树干要喷到。

**6. 做好化学防治**

防治时间为每年3月底树液开始流动和病部开始流胶时，刮除病部老翘皮和干胶，划几道并涂上杀菌剂，可以用50％退菌特、70％甲基托布津、5波美度石硫合剂，隔7～10 d后再涂抹1次，之后只要发现就可进行涂抹。在桃树发芽之前，对其喷施5波美度石硫合剂，将病原菌杀死。病菌引发流胶病的高发期是5月上旬至6月上旬和8月上旬至9月上旬，应在每次高发期之前对果树喷施杀菌剂，可用80％炭疽福美可湿粉剂800倍液、70％代森锰锌可湿粉剂500倍液或退菌特50％可湿性粉800倍液，每隔10～15 d喷1次，连续使用3～4 d。要交替使用上述农药。

还可用其他化学药剂，可用402抗菌剂100倍液涂病斑、农用链霉素3 000倍液全树喷枝干（有预防和治疗的效果）、10％杀菌优喷布等方法进行流胶的防治。

对蛀干害虫，如吉丁虫、天牛等要在4—5月份加强防治，可将磷化铝片缝在蛀入孔或在蛀孔中塞入蘸有40％速扑杀100倍液的棉花，再封死蛀孔。

可以用50％抗蚜威乳油2 000倍液或吡虫啉可湿性粉剂2 000倍液对蚜虫进行防治。用48％乐斯本1 000倍液或40％速扑杀1 000倍液对蚧壳虫进行防治。加大对各类害虫的防治力度，包括椿象、梨小食心虫、卷叶蛾幼虫和桃蛀螟幼虫等。

桃树流胶病是一种较为常见的病害，要想桃树健康生长，保证桃树的优质高产，必须加强对桃树的管理，避免桃树流胶病的发生，进而保障广大种植户的经济效益。

# 【工作任务实施记录与评价】

### 1. 生产计划落实

| 师傅指导记录 | 生产计划落实质量评价 | 评价成绩 |
|---|---|---|
|  |  |  |
|  |  | 日期 |
|  |  |  |

### 2. 劳动力、用具等使用记录

| 日期 | 劳动力用量 | 农机具 | 农资使用 | 其他材料 |
|---|---|---|---|---|
|  |  |  |  |  |
|  |  |  |  |  |
| 检查质量评价 |  |  | 评价成绩 |  |
|  |  |  | 日期 |  |

### 3. 施肥登记表

| 时间 | 肥料名称 | 生产商品牌 | 氮、磷、钾或其他物质含量 | 施肥方式 | 用量 | 备注 |
|---|---|---|---|---|---|---|
|  |  |  |  |  |  |  |
|  |  |  |  |  |  |  |
|  |  |  |  |  |  |  |

**4. 学徒关键职业能力及职业品质、工匠精神评价**

| 项目 | A | B | C | D |
|---|---|---|---|---|
| 工作态度 | | | | |
| 吃苦耐劳 | | | | |
| 团队协作 | | | | |
| 沟通交流 | | | | |
| 学习钻研 | | | | |
| 认真负责 | | | | |
| 诚实守信 | | | | |

# 任务3　萌芽和开花期的管理

萌芽和开花期指从桃树花芽萌动、膨大，经开花期到谢花为止。

## 【任务目标与质量要求】

此期在企业师傅指导下，能够组织种植户进行花前复剪工作；按照周年生产管理计划，认真落实此期桃园管理项目，督促完成桃园中耕除草、平衡施肥、节水灌溉、桃园生草、病虫害防治等工作；此期的生产目标是保证授粉受精，实现合理负载。合理使用喷药、追肥、放蜜蜂授粉和人工授粉、疏花保果措施。

## 【学习产出目标】

1. 熟练掌握花前复剪技术。
2. 完成果园中耕除草。
3. 根据树势和生长情况，选择合适的保花保果措施。

# 【工作程序与方法要求】

| | | |
|---|---|---|
| ● 花前<br>复剪 | 冬剪往往很难识别花的质量，并且对有些树的树势强弱分辨不准确，所以必须进行一次花前修剪。剪去花芽膨大迟缓结果的弱枝，对于弱树可重新疏去一部分结果枝，使结果枝达到合理数量，能使树势恢复，负载合理。 | 要求：修剪时，规范使用工具，注意安全；要按标准操作，避免伤树；根据具体树体情况操作。 |
| ● 土肥水<br>管理 | （1）中耕除草　中耕深度为 10 cm 左右。<br>（2）施肥灌水　一般在萌芽前施肥。大部分品种在此阶段对水分反应敏感，浇水容易降低地温，造成机体生理紊乱，使营养生长虚旺，营养生长与生殖生长不平衡，容易引起大量幼果脱落，造成花而不实。 | 要求：根据果园实际情况，控制灌水。 |
| ● 疏花<br>保果 | （1）利用蜜蜂传粉，一般 3 000 m² 桃园放置 1 箱蜜蜂可满足授粉需要。<br>（2）人工授粉，采集授粉品种的花粉，在主栽品种初花期至盛花期进行人工点授、喷粉或装入纱布袋内在树上抖动，一般进行 2 次即可。<br>（3）在花期喷 0.3％的硼砂，可提高坐果率。<br>（4）人工疏花，在大花蕾期至初花期进行。疏花时首先疏除早开的花、畸形花、瘦小花、朝天花和梢头花。再按长果枝留 6～8 个花蕾，中果枝留 4～5 个花蕾，短果枝或花束状果枝留 2～3 个花蕾，预备枝不留花蕾处理。长、中果枝疏花时，宜疏除结果枝基部的花，留枝条中上部的花，中上部的复花芽可双花留一，并保持花间距离合理均匀，疏花量一般为总花量的 1/3。 | 要求：按照生产要求进行疏花保果处理。 |

# 【业务知识】

## 萌芽期如何防治桃树冻害

### 1. 适时撤除防寒土

北疆地区春季气温变幅大，桃树开花早，花芽对气温变化又非常敏感，往往是随着春季气温升高，其抗寒力迅速下降。因此，撤除防寒土过早常常引起霜冻危害，撤除过晚又容易使花芽发霉腐烂。要求春季撤土之前，经常观察气温变化和扒开覆土检查桃树萌芽的情况，结合气温和树体两方面情况决定撤土的适宜时期。一般年份，北疆地区撤土时间都在 3 月底至 4 月初。

防寒物不宜一次撤完，应当分次撤除。一般在桃树花芽开始膨大时进行第一次撤土，现蕾时进行第二次撒土，可将覆土全部撒除，仅保留覆盖物。如果气温不稳定，仍有霜冻发生时，白天可将覆盖物扒开，以增高地温，晚上再盖上。

### 2. 合理修剪

要求灵活运用"短截、疏枝、缩剪、甩放、曲枝、撑枝、拉枝"等手段。对多年培养成型的开始大量结果的树，冬剪时要注意保留骨干枝、延长头，做到"上疏下密，阳稀阴密，内稀外密"，解决好通风透光问题，并使其立体结果。可运用接替更新和周期性更新的方法防止早衰，但对衰老枝要及时回缩复壮。栽培中提倡冬季推迟修剪期和采用轻剪方法，这样既能保留较多正常的枝条，不削弱抗寒力，有时还可躲过早春的霜冻危害。

### 3. 覆盖和熏烟

春季易发生倒春寒，有霜冻的危险。可在霜冻来临之前用稻草等保温材料对树冠进行覆盖，对防霜冻有一定效果。再就是降霜前用树叶、谷壳、锯末拌柴油等发烟物直接点燃引烟，不但可提高气温，而且可减少地面辐射，防霜效果明显。

此外，栽好、管好防护林，及时防治病虫害，防止早期落叶，喷洒防冻剂等对桃树的防寒也有一定的作用。

## 【业务经验】

## 花期、幼果期为什么不能浇水

（1）在开花前 15～20 d 或之前浇水是比较合理的。因为此时地温较低，井水温度一般是 8～9℃，通过地表后温度可能还要降 1～2℃，甚至更低。下渗到土壤根系层时温度也就是 6～7℃，不会给根系温度造成温差，使土壤出现剧烈温度变化而使桃树出现生理紊乱。

（2）在花期至幼果期浇水就会适得其反，以水促长，以肥促旺，就容易造成营养生长与生殖生长的极不平衡。果树就会把贮藏的营养都向新梢和叶片上转移，把营养的分配重心转移到营养生长上，生殖生长（开花幼果）的营养就太少了，因而出现大量的落花落果现象。再者，此时地温已升高（达 10℃以上），如果在此时浇大水，使地温骤然降低，就会造成桃树生理紊乱而降低坐果率。所以，花期至幼果期不能浇大水。

（3）判断该不该浇水、能不能浇水，最好的办法是测定桃园 20 cm 深土壤的含水量，只要不低于田间持水量的 50% 就可以不浇水，是能够满足果树对水分需求的。如果继续旱下去，可开沟浇小水或渗灌，在水分敏感时期，绝不能大水漫灌使土壤透气性降低，造成根系暂时不能正常生长而不能持续对上部的水肥供给，会引发大量落果，造成不必要的损失。

## 【工作任务实施记录与评价】

### 1. 生产计划落实

| 师傅指导记录 | 生产计划落实质量评价 | 评价成绩 |
|---|---|---|
|  |  |  |
|  |  | 日期 |
|  |  |  |

### 2. 劳动力、用具等使用记录

| 日期 | 劳动力用量 | 农机具 | 农资使用 | 其他材料 | |
|---|---|---|---|---|---|
|  |  |  |  |  | |
|  |  |  |  |  | |
| 检查质量评价 |  |  |  | 评价成绩 | |
|  |  |  |  | 日期 | |

### 3. 施肥登记表

| 时间 | 肥料名称 | 生产商品牌 | 氮、磷、钾或其他物质含量 | 施肥方式 | 用量 | 备注 |
|---|---|---|---|---|---|---|
|  |  |  |  |  |  |  |
|  |  |  |  |  |  |  |
|  |  |  |  |  |  |  |

### 4. 学徒关键职业能力及职业品质、工匠精神评价

| 项目 | A | B | C | D |
|---|---|---|---|---|
| 工作态度 |  |  |  |  |
| 吃苦耐劳 |  |  |  |  |
| 团队协作 |  |  |  |  |
| 沟通交流 |  |  |  |  |
| 学习钻研 |  |  |  |  |
| 认真负责 |  |  |  |  |
| 诚实守信 |  |  |  |  |

# 任务 4　幼果发育及新梢生长期的管理

幼果发育期从受精坐果后子房迅速膨大，经 3～4 周完成第一生长发育期，到硬核期结束。同时，叶芽萌发、展叶，经过 1 周的缓慢生长（叶期），随着气温升高新梢进入迅速生长期。这期间幼果发育与新梢生长在营养竞争上矛盾较大。

桃树的幼果期及新梢生长期对水分反应敏感，同时也是病虫害发生最严重的时期。各种病虫害交叉发生，是桃树植保工作的关键时期。此期的管理工作贯穿着疏花疏果、节约营养，是决定幼果果肉细胞分裂最重要的时期。这一时期的各种管理工作做好了，最后果才能长得大，丰产优质才能有保证，所以花果管理马虎不得。

## 【任务目标与质量要求】

幼果发育及新梢生长期生产目标是调节树体营养分配，控制桃园产量，采取综合措施，保证幼果发育。

## 【学习产出目标】

1. 熟练掌握夏季修剪技术。
2. 完成桃园中耕除草、施肥及灌水工作。
3. 掌握合理确定留果量的方法，完成疏果工作。
4. 选择合适的措施，防治病虫害。

## 【工作程序与方法要求】

| | |
|---|---|
| ● 果树修剪 | 春季修剪在叶期进行，主要内容包括抹芽、摘心、疏梢、剪梢及选留、调整骨干枝延长梢。<br>第 1 次夏季修剪在新枝迅速生长期进行。对主侧枝进行摘心或剪梢，留副梢，缓和生长势，开张或抬高枝头角度。<br>对冬剪时留长的结果枝，前部未结果的缩剪到有果部位，未坐果的果枝疏除或缩剪成预备枝。<br>对处于有空间位置的强壮新枝可摘心处理，促发分枝，培养结果枝组。<br>其他枝条凡长到 30～40 cm 的都要摘心，使营养集中于果实的生长发育，防止 6 月份发生落果。 | 要求：修剪时，规范使用工具，注意安全；要按标准操作，避免伤树；根据具体树体情况操作。 |

| | | |
|---|---|---|
| ● 土肥水<br>管理 | （1）中耕除草，保持树盘内清洁无杂草，中耕深度为 10 cm 左右。<br>（2）花后追施壮果肥，可提高坐果率，保证幼果生长、新枝生长和根系生长对营养的需要。一般在谢花后 1 周施入，以速效氮肥为主，施肥后灌水 | 要求：桃树对氮素较为敏感，根据桃园实际情况确定合适的氮肥施用量。 |
| ● 疏果、<br>套袋 | （1）疏果前先根据树龄、树势和品种特点确定当年留果量，然后将产量分解到每株树上，再根据该品种的果型确定出单株留果数，最后将留果数分解到各主枝和结果枝上。<br>（2）疏果分 2 次进行，第 1 次在花后 2 周左右进行，第 2 次疏果（定果）在落花后 4～6 周（硬核期前）完成，各种类型结果枝的留果量可参考不同品种的特性。<br>疏果时还应考虑结果部位和生长势，一般树冠外围及上部多留果，内部及下部少留果；树势强的多留果，树势弱的少留果；壮枝多留果，弱枝少留果。留果量也可根据叶果比来确定，30～50 片叶可留 1 个果。也可根据果间距进行留果，小型果 5～7 cm 留 1 个果，大型果 8～12 cm。<br>（3）套袋要在定果后、当地主要蛀虫害虫蛀果以前完成，一般中晚熟品种和易裂果的品种宜套袋。如中华寿桃、燕红及华光、瑞光 3 号等套袋前喷洒 1 次杀虫杀菌剂，待药液干后，用专用果袋将桃果套住，通过袋口的铅丝将袋扎在结果枝上。 | 要求：疏果时，先疏除畸形果、并生果、病虫果，再去小密果、果枝基部和朝天果。选留部位以果枝两侧，向下生长的果为好。坐果率高的品种应早疏、适当重疏，并可一次到位，坐果率低、生理落果重的品种应晚疏、轻疏，分多次疏。 |
| ● 病虫害<br>防治 | 展叶后每 10～15 d 喷 1 次 80％代森锰锌可湿性粉剂 600～800 倍液，或 70％甲基硫菌灵可湿性粉剂 800～1 000 倍液，防治细菌性穿孔病。花后喷 10％吡虫啉可湿性粉剂 4 000 倍液，或 0.3％苦参碱水剂 800～1 000 倍液防治蚜虫。在果实硬核期喷布灭杀灵乳油 800～1 000 倍液，防治食心虫、蚧壳虫、椿象、卷叶蛾等。当发现桃树皮出现皮开裂、溢出树脂、病部表面散生小黑点、多年生枝干受害产生"水泡状"隆起，可诊断为桃树侵染性流胶病。应及时刮除流胶及病皮，并用石硫合剂等涂刷病斑防治。 | 要求：以预防为主，选择药剂要符合绿色果品生产要求。 |

## 【业务知识】

## 桃树疏果的原则

在实际生产中，为实现合理的树体负载量，一般疏果时要掌握那些原则呢？

在生产中，疏果进行的越早，节约的贮藏养分就越多，对树体及果实生长也越有利。但也应根据花量、气候、品种等具体情况来确定疏除时期，以保证足够的坐果量。比如，有的地区当年遭遇严重的倒春寒，疏果工作就要推迟，可到果实生长稳定后再进行。

自然坐果率高的品种早进行，如早中油 4 号、春雪、春美；自然坐果率低的晚进行，如仓方早生、早凤王。对于自然坐果率低的品种，可不疏花、只疏果。

在实际生产中，为最终实现合理的树体负载量，一般疏果可进行 2 次。第 1 次在落花后 15～20 d 进行。疏果时，首先疏掉发育不良的小果、双果、畸形果、病虫果，其次是着生直立的朝天果、无叶果枝上的果，选留果个大，形状端正，生长比较均匀的果。应当注意的是，已疏花的树，可省掉这次疏果。第 2 次疏果也称定果，是在生理落果之后，在落花后 5～6 周进行。留果量的标准：一般为每亩 3 000～4 000 kg，早熟品种每亩留 1 800～2 000 kg。具体来说，30 cm 以上长果枝留 3 个果、中果枝留 2 个、短果枝留 1 个，晚熟品种留果量控制在 12 000～15 000 个。

## 【业务经验】

### 如何预防和减轻落果

生理落果是桃树生产中存在的重要问题，在多雨条件下表现尤为突出。桃树生理落果有 3 个时期：第 1 期于谢花后，主要由雌蕊和花粉发育不完全、授粉不良所致；第 2 期在幼果期，主要是树体营养供应不良所致；第 3 期是硬核期，主要由新梢与果实争夺养分、水分所致。此外，要注意病虫害等因素。

克服生理落果的措施：

（1）树势旺的桃树，春季尽量少施或不施氮肥，下半年多施基肥、农家肥。

（2）在硬核期前控制枝梢旺盛生长，可采取摘心、剪枝、控枝等办法调控。

（3）雨季做好桃园开沟排水，防止渍害。

（4）在果实生长发育期用 0.4％尿素液或 0.3％磷酸二氢钾液喷树冠，补充桃树营养的不足。另外，要注意做好果实生育期病虫防治。

## 【工作任务实施记录与评价】

### 1. 生产计划落实

| 师傅指导记录 | 生产计划落实质量评价 | 评价成绩 |
| --- | --- | --- |
|  |  |  |
|  |  | 日期 |
|  |  |  |

### 2. 施肥登记表

| 时间 | 肥料名称 | 生产商品牌 | 氮、磷、钾或其他物质含量 | 施肥方式 | 用量 | 备注 |
|------|----------|------------|--------------------------|----------|------|------|
|      |          |            |                          |          |      |      |
|      |          |            |                          |          |      |      |
|      |          |            |                          |          |      |      |

### 3. 劳动力、用具等使用记录

| 日期 | 劳动力用量 | 农机具 | 农资使用 | 其他材料 |
|------|------------|--------|----------|----------|
|      |            |        |          |          |
|      |            |        |          |          |
| 检查质量评价 |  |  |  | 评价成绩 | |
|      |            |        |          | 日期 |

### 4. 学徒关键职业能力及职业品质、工匠精神评价

| 项目 | A | B | C | D |
|------|---|---|---|---|
| 工作态度 |  |  |  |  |
| 吃苦耐劳 |  |  |  |  |
| 团队协作 |  |  |  |  |
| 沟通交流 |  |  |  |  |
| 学习钻研 |  |  |  |  |
| 认真负责 |  |  |  |  |
| 诚实守信 |  |  |  |  |

## 任务5　果实膨大期的管理

　　果实膨大期为桃树的第2个迅速生长期。不同成熟期的品种，果实进入膨大期的早晚差别很大。早熟品种经1～2周的硬核期后即进入果实膨大期，而晚熟品种要6～7周才能进入果实膨大期。这样早熟品种的果实膨大与新梢生长的第1个迅速生长期相重叠。一般在6月下旬以后新梢生长趋于缓和，开始加粗生长和木质化。大多数中短梢生长停滞后，花芽分化开始。长枝、强旺枝持续生长，多从中部开始抽生二次枝，进入第2次旺长期。树体进入旺盛生长期，易发生缺素症状。

## 【任务目标与质量要求】

这一时期的生产目标是通过生长季修剪，控制新梢旺长，调整营养分配，改善光照条件。同时加强肥水管理，促进果实膨大和花芽分化。

## 【学习产出目标】

1. 熟练掌握桃树第二次夏季修剪技术。
2. 完成果园土肥水管理工作。
3. 防治病虫害。

## 【工作程序与方法要求】

| | | |
|---|---|---|
| ● 夏季修剪 | 对竞争枝、徒长枝，在上次修剪的基础上，继续改造培养枝组。如过密则疏除，改善光照条件。对树姿直立或角度较小的主枝进行拉枝开角，同时对负载大的主枝和枝组进行吊枝或撑枝，防止果枝压折。 | 要求：第2次夏季修剪主要是控制旺枝生长，由于已经进入生长中后期，修剪不宜过重。 |
| ● 土肥水管理 | （1）进入硬核期以后应浅耕，约 5 cm。<br>（2）在硬核期进行 1 次追肥，对提高坐果率、保证果实发育和花芽分化作用明显。这次追肥应氮、磷、钾配合施用，以磷、钾肥为主。这期间可喷 0.3％尿素和 0.2％磷酸二氢钾 2～3 次。出现缺素症状时，及时补充喷施相应的微量元素，如缺铁可喷施 1 000～1 500 mg/kg 的硝基黄腐酸铁，每隔 7～10 d 1 次，连喷 3 次。出现缺镁症状可喷施 0.2％～0.3％的硫酸镁，效果较好。 | 要求：注意尽量少伤新根。 |
| ● 病虫害防治 | 每 10～15 d 喷 1 次杀菌剂，防治褐腐病、黑星病、炭疽病等。 | 要求：以预防为主，选择药剂要符合绿色果品生产要求。 |

## 【业务知识】

### 桃树生产中常用的生长调节剂

为了节省劳动力，桃树种植面积较大时往往会用抑制剂来控制树的旺长，促进果实的膨大。以在生产中用得较多的多效唑和PBO为例，这两种都是植物生长调节类物质，适时叶面喷施，确实能有效控制植株的新梢生长，提高桃树花芽分化数量和质量，增强树体综合抗性。在桃树果实膨大期，喷施多效唑或 PBO（喷施浓度和次数依树体的生长势强弱和综合管理水平的高低确定），一般喷施 1～3 次即可。但应用生长调节剂只是辅助措施，不可一味依赖，只有和修剪措施相互配合才能取得良好的效果。

# 【业务经验】

## 生产中怎样预防桃树果实裂果与采前落果

### 1. 桃树裂果现象的发生原因与预防

桃树果实裂果的起因比较复杂，主要原因还是肥水管理失调与温度不适，落花后幼果发育初期遇到高温干旱，影响了幼果的正常发育，果皮老化，后期灌溉时细胞猛然吸水膨大，必然裂果严重。此外，品种之间差异显著，有的品种较易裂果，有的品种则很少发生。

预防桃树果实裂果的有效措施：

（1）改良土壤结构。

（2）注意搞好肥水管理。桃树落花后 7～10 d 和幼果迅速膨大期，及时追肥浇水可明显减少裂果现象发生。

（3）树盘覆草、覆膜以保持土壤湿度相对稳定。

（4）盛花后 2～3 周喷 500～600 倍"绿鲜威"＋0.3％的尿素液，或腐酸钙 800 倍液，或 0.2％ $CaCl_2$ 或 $Ca(NO_3)_2$，或 0.2％硼砂。

（5）设施栽培桃注意调控好温度，一般落花后 10 d 左右，室内白天温度控制在 20～23℃，夜间温度控制在 5～10℃；幼果迅速膨大期，室内白天温度控制在 23～25℃，夜间温度控制在 10～15℃；可较少或不发生裂果。

由于品种不同和所处土壤环境等的差异，引起裂果的因素相对比较复杂。一些传统的品种易发生裂果，大多属生理性裂果，由于土质黏重和土壤湿度突然变化而引起。因而在预防裂果时需要做探索性的试验，来确定有效的防治措施。

### 2. 桃树生理落果与采前落果的发生原因与预防

桃树生理落果一般发生在落花后 3～15 d，先落者多是授粉受精不良者，后落者是因此时期树体储备营养已经消耗尽，而新发叶片数量不足，或仍处于幼嫩状态，光合产物不足、有机营养少，跟不上幼果发育的需求，造成大量落果。

桃树采前落果的原因是多方面的，白天温度高于 33℃、夜晚温度低于 10℃；树体留枝过多，光照恶化；相邻的果实互相挤压；水肥管理失调等都可引起落果现象发生，但是不会太重。而在设施内发生采前落果往往比较严重，其主要原因是土壤温度低，根系不发新根，活性低，吸收能力差，难以满足果实快速膨大期对水分肥料的需求，树体光合作用效能低，有机营养不足，果实处于饥饿状态而落果。

预防采前落果的有效措施：

（1）花前、花后喷洒 150～200 倍红糖＋1 000 倍"天达 2116"可显著减少花后的生理落果。

（2）幼果迅速膨大期喷洒 1 000 倍"天达 2116"，提高桃树耐低温性能，促进发根，可有效地减少采前落果发生。

（3）设施栽培的桃树，起高垄、覆地膜可显著提高土壤温度，促进桃树早发新根，提高根系活性和吸收能力，对减少采前落果效果明显。

## 【工作任务实施记录与评价】

### 1. 生产计划落实

| 师傅指导记录 | 生产计划落实质量评价 | 评价成绩 |
|---|---|---|
| | | |
| | | 日期 |
| | | |

### 2. 施肥登记表

| 时间 | 肥料名称 | 生产商品牌 | 氮、磷、钾或其他物质含量 | 施肥方式 | 用量 | 备注 |
|---|---|---|---|---|---|---|
| | | | | | | |
| | | | | | | |
| | | | | | | |

### 3. 学徒关键职业能力及职业品质、工匠精神评价

| 项目 | A | B | C | D |
|---|---|---|---|---|
| 工作态度 | | | | |
| 吃苦耐劳 | | | | |
| 团队协作 | | | | |
| 沟通交流 | | | | |
| 学习钻研 | | | | |
| 认真负责 | | | | |
| 诚实守信 | | | | |

# 任务6　果实成熟与采收期的管理

果实成熟期从果实在大小、色泽和风味等方面逐渐表现出品种固有的特征到果实采收为止。此期大部分新梢停止生长，花芽分化进入高峰期。

## 【任务目标与质量要求】

通过生长季修剪，控制新梢旺长。加强肥水管理，防治病虫害，促进花芽分化和果实着色，提高果实品质。

## 【学习产出目标】

1. 熟练掌握桃树秋季修剪。
2. 完成果园土肥水管理工作。
3. 掌握果实主要管理工作。
4. 完成果实的采收和分级。

## 【工作程序与方法要求】

| | | |
|---|---|---|
| ● 秋季修剪 | 主要是对没有停止生长的新梢进行摘心或剪梢，促进下部枝梢成熟。<br>对没有控制住的旺枝可从基部疏除。新长出的二、三次枝可从基部疏除。<br>对骨干枝角度小的进行拉枝开角。 | 要求：由于已经进入生长后期，修剪不宜过重。适当进行拉枝和疏除。 |
| ● 土肥水管理 | 在果实成熟前 20～30 d，追施催果肥，以钾肥为主，配合氮肥，提高果实品质和花芽分化质量。可追施磷酸二氢钾或草木灰，也可叶面喷施。但距果实采收期 20 d 应停止叶面追肥，也不宜灌大水，以免造成裂果。 | 要求：注意尽量少伤新根。 |
| ● 果实管理 | （1）套袋的鲜食果实应于采收前 10～20 d 将袋撕开，使果实先接受散射光，再于采收前 3～5 d 逐渐将袋体摘掉。不易着色的品种应提早摘袋，如中华寿桃宜在采收前 2 周左右摘袋。罐藏桃果采前可不摘袋，采收时连同果袋一起摘下。<br>（2）果实着色期间可疏除部分过密背上枝和内膛徒长枝，改善树冠内光照条件，促进果实着色。也可将果实附近叶片摘掉，使果面均匀着色。<br>（3）在果树行间地面上铺反光膜可促进果实着色，每亩需反光膜 300～400 m²。 | 要求：以预防为主，选择药剂要符合绿色果品生产要求。 |

| 采收与分级 | (1) 一般就地鲜销果宜八九成熟时采收，长途运输宜七八成熟时采收。硬桃、不溶质桃可适当晚采；溶质桃，尤其是软溶质桃必须适当早采。贮藏及加工用硬肉桃宜七八成熟时采收，加工用不溶质桃可八九成熟时采收。<br>(2) 鲜桃果实质量标准主要以果实大小（表 3-3-2）、着色度为主要指标进行分级，基本要求是不允许有碰伤、压伤、磨伤、日灼、果锈和裂果。 | 要求：适时采收，果实成熟不一致的品种，应分期采收。 |
| 病虫害防治 | 进入果实成熟期一般不宜采取化学防治方法，以免造成果实农药残留超标。可采用黑光灯诱杀、糖液诱杀和性激素诱杀方法，防治卷叶蛾、桃小食心虫、桃潜叶蛾等害虫。对红颈天牛可人工捕捉，并挖除其幼虫。 | 要求：以预防为主，选择药剂要符合绿色果品生产要求。 |

表 3-3-2　鲜桃果实质量标准中依据果实重量分级标准（河北省）

| 品种类型 | 果实类型 | 特等/g | 一级/g | 二级/g |
| --- | --- | --- | --- | --- |
| 普通桃 | 大果型 | ≥300 | ≥250 | ≥200 |
|  | 中果型 | ≥250 | ≥200 | ≥150 |
|  | 小果型 | ≥150 | ≥120 | ≥120 |
| 油桃和蟠桃 | 大果型 | ≥200 | ≥150 | ≥120 |
|  | 中果型 | ≥150 | ≥120 | ≥100 |
|  | 小果型 | ≥120 | ≥100 | ≥90 |

## 【业务知识】

### 生产上如何划分桃的成熟度

目前生产上将桃的成熟度分为 4 级。

（1）七分熟　果实底色绿，果面基本平展无坑洼，中、晚熟品种在缝合线附近有少量坑洼痕迹，果面茸毛尚厚，果实已充分发育。

（2）八分熟　果实由绿色转为淡绿色，俗称发白。果面丰满，茸毛减少，果肉稍硬，有色品种阳面有少量着色。

（3）九分熟　果实由淡绿色转为白色、乳白色或橙黄色。茸毛进一步减少，果肉稍有弹性，具芳香味，有色品种、大部着色品种应有的风味充分表现。

（4）十分熟　果实茸毛脱落，无残留绿色。溶质品种柔软多汁，皮易剥离，不耐运输；硬肉桃变绵而品质下降，不溶质桃仍富有弹性。

## 【业务经验】

### 一、桃果采收有哪些注意事项

**1. 分期采收**

同一棵树上的桃果实成熟期也不一致，所以要分期采收。一般品种分2～3次采收，少数品种可分3～5次采收，整个采收期7～10 d。第1次、第2次采收时先采摘果个大的，留下小果继续生长，可以增加产量。

**2. 采收顺序**

应从下往上、由外向里逐枝采摘，以免漏采，并减少枝芽和果实的擦碰损伤。采摘时动作要轻，不能损伤果枝，果实要轻拿轻放，避免刺伤和碰压伤。

**3. 采收容器**

一般每一容器（箱、筐）盛装量以不超过5 kg为宜，装太多易挤压果品，引起机械伤。

**4. 按成熟度采收**

就地销售的鲜食品种应在九成熟时采收，此时期采收的桃果品质优良，能表现出品种固有的风味；需长途运输的应在八九成熟时采摘；贮藏用桃可在八成熟时采收；精品包装、冷链运输销售的桃果可在九十成熟时采收；加工用桃应在八九成熟时采收，此时，采收的果实加工成品色泽好、风味佳、加工利用率也高。肉质软的品种，采收成熟度应低一些，肉质较硬、韧性好的品种采收成熟度可高一些。

### 二、几种果树测产方法

在果树生产过程中，为了掌握新技术、新品种推广应用所产生的效益，或解决果园纠纷问题取证，需要获得果园产量数据，在果实收获前，可通过测产的方法获得产量数据，测产不同于凭借经验对果园的估产，测产数据更加接近于实际产量。现介绍一种在苹果、梨、桃、杏、葡萄等果园常用测产方法。

**1. 随机取样**

根据果园大小、生产条件、地块形状，随机抽取测产地段。一般0.33 hm² 以下的果园，生产条件基本一致，可随机抽取2个测产地段。如果生产条件不一致，可多选几个测产地段。

**2. 确定样本株**

在测产地段，采用5点法，确定样本株，即四个角和中心地段各选定一点，边行树不得入选。苹果、梨、桃、杏每单株为一个样本株，葡萄3～5株为一个样本株。

首先，计算测产地段果树的行、株数。其次，确定样本株具体位置，如某苹果园测产地段有 40 行，每行 62 株树，中心地段样本株确定为第 20 行第 31 株；四个角的样本株确定为从边行数第 6 行第 8 株。如某葡萄园测产地段，有 48 行树，每行 50 株，中心地段样本株确定为第 24 行第 24 株、25 株、26 株，四个角的样本株确定为从边行数第 9 行第 6 株、7 株、8 株。注意提前确定样本株，不能入园测产时，再根据果树大小随意选取样本株，以保证测产的公正性、科学性。

**3. 依树划等份**

样本株确定后，根据其生长情况、果实在枝干上的分布情况，将样本株划分为 2 份、4 份、6 份、8 份和 10 份。

**4. 采摘果实称重量**

采摘样本株若干等份的果实，称其重量，再乘以等份数，换算成样本株的产量。如某样本株果实分布较均匀，被分为 10 个等份，采摘其中一个等份的果实，称重为 3 kg，3 kg×10 个等份＝30 kg，为该样本株的产量。把 5 个样本株的产量加在一起，除以 5，为每个样本株的平均产量。

**5. 求得亩产量**

按果园株行距，折算面积，计算每亩株数，乘以样本株平均产量，即为果园的亩产量。如某苹果园，株行距为 3 m×5 m＝15 m²，667 m²÷15 m²＝44.5 株，44.5 株×样本株产量 30 kg＝1 335 kg。又如某葡萄园，株行距为 1 m×2 m＝2 m²，667 m²÷（2 m²×3）＝111.1 株，111.1 株×样本株产量 13 kg＝1 444.3 kg。

以上是果园 5 点取样测产方法，如果是果园全园果实都套果袋，可称取一定数量标准果实，乘以所用果袋数量，即为该果园的测产结果，这种方法也更加接近果园实际产量。

## 【工作任务实施记录与评价】

### 1. 桃采收记录表

基地名称：_____　　　　品种：_____　　　　记录人：_____

| 采收日期 | 基地名称 | 数量 | 感官标准 | | | 烂病果比例 | 伤裂果比例 | 采收员签字 | 备注 |
|---|---|---|---|---|---|---|---|---|---|
| | | | 特级 | 一级 | 二级 | | | | |
| | | | | | | | | | |
| | | | | | | | | | |
| | | | | | | | | | |

**2. 生产计划落实**

| 师傅指导记录 | 生产计划落实质量评价 | 评价成绩 |
|---|---|---|
| | | |
| | | 日期 |
| | | |

**3. 劳动力、用具等使用记录**

| 日期 | 劳动力用量 | 农机具 | 农资使用 | 其他材料 |
|---|---|---|---|---|
| | | | | |
| | | | | |
| 检查质量评价 | | | 评价成绩 | |
| | | | 日期 | |

**4. 学徒关键职业能力及职业品质、工匠精神评价**

| 项目 | A | B | C | D |
|---|---|---|---|---|
| 工作态度 | | | | |
| 吃苦耐劳 | | | | |
| 团队协作 | | | | |
| 沟通交流 | | | | |
| 学习钻研 | | | | |
| 认真负责 | | | | |
| 诚实守信 | | | | |

# 任务 7  采收后的管理

这一时期从果实采收后，各类新枝的加长生长基本停止，枝条自下而上开始成熟，到落叶前后。此期为树体营养积累期，花芽继续分化发育，后期叶片自下而上开始衰老，功能逐渐减退。

新疆北疆地区进入 10 月份后，气温逐渐降低，叶片贮存的营养开始回流到树干、根部并固定贮存，叶片脱落，桃树生长停止，进入休眠期。采收后相对于生长期管理工作较少，但其重要性并不亚于生长期管理，在某些方面甚至显得更为重要，如越冬保护、病虫害预防、清洁果园和土壤管理等工作做到位，将为下年桃树的丰产奠定基础。

## 【任务目标与质量要求】

此期生产目标是增加树体营养供应，保证花芽分化，加强树体保护，提高贮藏营养水平，增强越冬能力。

## 【学习产出目标】

1. 完成果园土肥水管理工作。
2. 掌握果园病虫害预防技术。
3. 做好果园清园工作。
4. 完成越冬防寒工作。

## 【工作程序与方法要求】

| 土肥水管理 | 在果实采收后，早秋施基肥，一般不宜晚于9月份，早熟品种可在8月下旬进行。基肥以腐熟的农家肥为主，每亩施入4 000～5 000 kg，过磷酸钙150 kg。可根据树体营养状况，同时加入适量的速效化肥以及微量元素肥料，如尿素10～15 kg、硫酸亚铁2～3 kg等，秋施基肥后要灌1次水，特别是在秋旱的情况下，以免造成早期落叶。采收后喷施0.3％～0.4％的尿素可提高叶片的光合功能，延长叶片寿命，有利于营养积累，入冬前灌封冻水，时间以田间水能完全透下去，不在地表结冰为宜。 | 要求：注意尽量少伤新根。 |
|---|---|---|
| 病虫害防治 | （1）重点保护好叶片，否则将影响花芽的形成。<br>（2）可喷施6％扑虱灵可湿性粉剂1 500～2 000倍液，防治一点叶蝉和椿象。用25％灭幼脲悬浮剂2 000倍液防治桃潜叶蛾。在主干和主枝上绑草绳或草把诱集害虫，晚秋或早春取下烧毁。 | 要求：做好树体越冬期间预防保护，选择药剂要符合绿色果品生产要求。 |
| 越冬防寒 | 最好栽培后的1～2年内于深秋将地上部分全部埋土，3～5年时可在主干北面50 cm左右处打半圆形土墙，高30～40 cm。另外，桃在春季萌芽至开花期，常有一部分花芽或花蕾迟迟不开放，不久便脱落，俗称僵芽，这是花芽在越冬或早春受冻所致。预防措施：一是采用综合农业措施来调节树势，提高花芽耐寒力。如选择较好的园地、合理施肥灌水、合理修剪、防治病虫害等。二是喷洒化学药剂提高花芽抗寒力，据实验，在3月上中旬喷10倍石灰和20倍盐水混合液，或在冬季喷2.83％的溴化钾、2.18％的氯化钠、1.5％的硝酸钾溶液等，均在一定程度上有减轻花芽冻害的效果。 | 要求：注意做好越冬防寒工作，防止果树被冻死。 |

## 【业务知识】

### 如何做好清园工作

很多果农春季清园的方法不够科学，不知道清园的重点是什么、目的是什么，选择用药以及打药的方法也是糊里糊涂。实际表现在清园工作中，重枝稍、轻枝干，重田间、轻地边，用药浓度偏低。

细致清园对虫害的发生能起到"杀一顶万"的作用，我们都知道红蜘蛛、潜叶蛾、顶梢卷叶蛾、棉蚜等一些害虫都是在主干上的老树皮里越冬，特别是枣树，主干凹凸不平，害虫尤为严重。据资料报道，开春一个雌红蜘蛛1年能繁殖128 400个红蜘蛛。顶梢卷叶蛾侵害刚长出来的嫩尖，使顶芽不能生长，也会把嫩叶粘在幼果和幼桃上，从而使幼果和幼桃形成虫果。以上只是一些主要病虫，并没有全部说明。

我们肉眼是看不见病菌的，清园不但能压低越冬病菌基数，对于虫害来说，因为生长前期各种虫的出蛰时间整齐，不像生长后期一代与一代之间时间重叠，给防治带来不便，清园时因为没有嫩叶，药液浓度宜适当加大，杀虫杀菌效果好。清园时不要怕费药，特别是主干主枝，一定要把主干主枝打到、打好。另外，田边地头的杂草也要一并清除，均匀施药。

## 【业务经验】

### 冬季匍匐栽培桃的防寒技术要点

**1. 牵引**

对幼树和成年树的骨干枝生长后及时牵引，会增强它的木质化程度，提高其抗寒能力。可利用绳拉或木钩将直立枝诱引成为匍匐枝；或将密集的枝条牵引到树冠的空隙处，使枝条分布均匀，充分利用阳光；也可将夹角小的枝条进行牵引，开张角度，平衡树势。

**2. 扣压**

对成龄树，树干粗大，如果在早期牵引扣压，可在埋土时减少大枝劈裂，增强越冬能力。扣压的方法很多，可以就地取材，灵活利用。可利用带钩的树枝将桃树枝条钩下来，把带钩树枝的另一端插入土中，如此可以将果树枝条生长的方向和角度固定下来。对于比较粗大的枝，可以用绳牵引，绳的另一端捆在树桩上加以固定。

**3. 埋土**

埋土前先清除园内的杂草和落叶，剪除枯枝，消灭虫果和霉烂果，以免土内霉烂。埋土的第一步要放好"三土"，压好枝。首先放好"护干土"，在距离主干20～30 cm

处放 1 铲土，作为标记，以后可以自"护干土"开始埋土加厚并与主干相连接，以免主干弯曲处覆土太薄，越冬遭受冻害。然后放好"枕头土"，为使枝条不致被土压折，要先将枝条下面垫土，即为"枕头土"，要求从基部到梢部全垫土，垫土高度以能将枝条托起来便可。最后再放"压枝土"，先将枝条收拢起来，放在"枕头土"上，在梢尖处用土块压住，以免枝头翘起。

第二步要将整个树体全部用土埋妥，取土不要离树体太近，最好在距树体两侧 1 m 以上的行间取土，埋土厚度要求 15～20 cm，幼树可达 30 cm 左右。如果当时覆土太薄，以后经风吹日晒，土壤下沉，便不能保证整个冬季有 10 cm 以上的稳定埋土，树体就会有受冻的危险。埋土要严密，不裂缝、不漏洞，应当随埋土、随检查。

为了确保埋土质量，在结束防寒之后，应再检查一遍，发现有裂缝或漏洞时要及时用碎土弥补。如果条件允许，埋土前先用草或其他覆盖物将树体掩盖起来。北疆地区所用的覆盖物有稻草、番茄秧、马铃薯秧、玉米秆等。经调查，用稻草覆盖的效果较好，番茄秧、马铃薯秧因湿度大易使树体受冻，而玉米秆又易使花芽在出土前发霉。

## 【工作任务实施记录与评价】

### 1. 物资采购表

| 项目 | 物资名称 | | | |
|---|---|---|---|---|
| 采购日期 | | | | |
| 厂家 | | | | |
| 采购途径 | | | | |
| 规格 | | | | |
| 单价 | | | | |
| 运费 | | | | |
| 小计 | | | | |
| 备注 | | | | |

### 2. 生产计划落实

| 师傅指导记录 | 生产计划落实质量评价 | 评价成绩 |
|---|---|---|
| | | |
| | | 日期 |
| | | |

**3. 劳动力、用具等使用记录**

| 日期 | 劳动力用量 | 农机具 | 农资使用 | 其他材料 | |
|------|-----------|--------|----------|----------|---|
|  |  |  |  |  | |
|  |  |  |  |  | |
| 检查质量评价 |  |  |  | 评价成绩 | |
|  |  |  |  | 日期 | |

**4. 学徒关键职业能力及职业品质、工匠精神评价**

| 项目 | A | B | C | D |
|------|---|---|---|---|
| 工作态度 |  |  |  |  |
| 吃苦耐劳 |  |  |  |  |
| 团队协作 |  |  |  |  |
| 沟通交流 |  |  |  |  |
| 学习钻研 |  |  |  |  |
| 认真负责 |  |  |  |  |
| 诚实守信 |  |  |  |  |

# 项目四
## 红枣生产技术

## 【专业知识准备】

### 一、红枣生产现状

枣原产于我国黄河中下游地区，汉朝以来沿丝绸之路直接、间接传播到五大洲的至少 47 个国家。目前，中国仍然是世界第一大枣生产国，种植面积和产量均占世界总量的 99％以上，枣产品出口占世界枣产品贸易的近 100％。2015 年全国水果种植面积 1.92 亿亩，总产量 1 750 亿 kg，占世界总产量的 25％以上。全国干果种植面积约 2 亿亩，年产 150 亿 kg，占世界总产量的 60％以上，其中枣 3 000 万亩，80 亿 kg，占世界总产量 99％。

红枣种植面积主要分布在河北、山东、河南、山西、陕西 5 省（以种植面积排序），新疆近年发展势头迅猛。

从近两年发展趋势看，河北、山西、山东、陕西、新疆、河南 6 省（自治区）是红枣主产区，对全国枣产量的贡献率达 90％以上。

### 二、中国红枣生产存在的问题

**1. 面积推广过快，单一品种面积太大**

2008 年以来，灰枣、骏枣、和田玉枣、哈密大枣价格一直在每千克几十元至数百元之间徘徊，这个高价位运行的丰厚效益使枣农们开始无序、大面积发展。

**2. 管理技术不到位**

发展红枣产业技术力量不足，专业技术人员知识层次不高、结构单一，满足不了红枣产业发展的需要，枣果品质持续下降。

### 3. 病虫害日趋严重

枣农没有防治病虫害的意识，加之红枣病虫预报体系、防治体系不够完善，又缺乏必要的技术标准和产品质量检查，病虫害防治难度就更大了。

### 4. 红枣产销体系不健全

果品储存、保鲜力量不足；随着今后一个时期种植面积的不断增加，果品的产量也会逐年上升，枣业龙头企业亟待加强；农民组织化程度低，发挥作用不明显，现有的果品专业合作组织多为松散型，经济实力弱，联系农户的比例低，没有充分发挥出在市场、龙头企业、农户之间的纽带作用，带动能力弱；果品品牌建设程度低。随着全疆乃至全国范围内枣业的迅速发展扩大，枣业市场竞争也必然日趋激烈。

## 三、商品化红枣园生产情况

（一） 发展理念

商品化红枣园应秉持"创新、协调、绿色、开放、共享"的发展理念和发展路线（图 3-4-1），力争实现"五减""五增"。

五减：化肥、灌水、农药、人工、总投入减少。

五增：单产、品质、安全性、纯效益、投入产出率增加。

力争实现人均管枣 50～100 亩（现为 10～20 亩），大面积平均亩产干枣 0.8～1 t，优质果率 70％以上，亩产值稳定在 0.6 万～0.8 万元，亩纯效益稳定在 3 000～5 000 元。

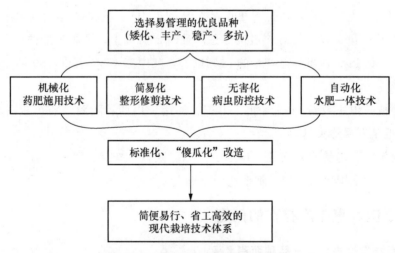

**图 3-4-1 商品化红枣果园发展路线**

（二） 品种选择

在新疆的南疆地区，根据生长特征及市场需求，主要选择骏枣和灰枣。其中骏枣的优良性状已在全国枣业大会上获得国内外专家的一致认可，被评为金奖。新疆的南疆地区这两个品种相互做授粉树效益最佳，也是它们的最佳适生区之一。

（三） 栽植

常用行株距为 4 m×0.25 m（计划密植与间伐），红枣直播造林选用 4 m×1.5 m、3 m×2 m 及 4 m×3 m 三种栽培模式，每亩地保苗数在 55 株以上。部分直播定植地块，采用计划密植，在 1～3 年内，每亩保苗数在 333～666 株，以后逐年间伐，最终保留株数为 111 株。

（四） 整形修剪

**1. 枣树的主要树形**

（1）简化树形——枣头形树形　如图 3-4-2 所示，枣树 5 年左右成形，树高 2.5～3.5（4）m，枝展 1～1.5 m，中心干 1 个（无主枝），结果枝组 10～15 个，每个枝组着生 6～10 个二次枝；每个二次枝约 5 个枣股；每个枣股 3～4 个枣吊；每枣吊平均结 1 个枣；每株产 1 000～2 000 个枣，重 10～20 kg，每亩产 1 000～2 000 kg 鲜枣。

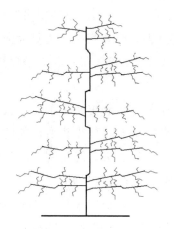 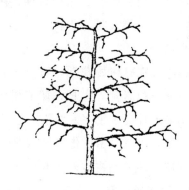

图 3-4-2　枣头形树形示意图　　　　图 3-4-3　纺锤形树形示意图

（2）纺锤形树形　如图 3-4-3 所示，枣树有主枝 7～10 个，轮生排在主干上，不分层，主枝上不培养侧枝，直接着生结果枝组。干高 70～90 cm。此树形树冠小，适于密植栽培。

**2. 修剪**

成龄结果大树的修剪，主要是调节营养生长和生殖生长的关系，改善通风透光条件，培养结果枝组，保持正常树势，尽量延长盛果期年限，以获得较好的生产效益。具体方法如下：

（1）平衡树势　通过疏枝、短截、回缩、开张角度、环剥和环割等多种方法，调节生长势，保持中心干强于主枝、主枝强于侧枝、侧枝强于结果枝组、骨干枝强于辅养枝的从属关系。辅养枝与骨干枝生长发生矛盾时，辅养枝要给骨干枝让路，主从关系要分明，树势要保持平衡。

（2）疏除无用枝　对密挤枝、重叠枝、交叉枝、枯死枝、病虫枝、细弱枝和无用徒长枝等，及时疏除，以减少树体营养的无效消耗，改善通风透光条件，提高光合效能，促进植株正常生长和结果。

（3）培养和更新结果枝组　对枣树各级骨干枝和辅养枝上萌生的枣头，根据空间大小，采用短截、摘心、回缩和刻芽补空的办法，培养成不同大小的结果枝组。通过对结果枝组合理更新，使结实力强的枝条保持一定的比例。

（4）放任树的修剪　对有些枣园从未进行过修剪的枣树，应遵循因树而异的修剪原则。不能强求树形，大拉大砍。而要根据植株生长情况，分期分批地疏除过密大枝，对直立枝开张角度，对冗长枝适度逐年回缩，将密挤枝、交叉枝、重叠枝、枯死枝、细弱枝和病虫枝等，从基部疏除，以改善通风透光条件。所留枝条应根据空间大小，采取短截和刻芽的方法，以刺激隐芽萌发，逐步培养新的树形和结果枝组。

**3. 促花坐果**

枣树的开花坐果的多少，除与肥水投入相关外（即所谓"吃饱喝足"），还与其整形修剪、空气湿度、授粉媒介、品种特性、病虫害等密切相关。树势太强，营养转向枝叶，坐果率不高；树势太弱，坐果率很高，但品质下降。最佳状态是保持树势中等，即"中庸"树势最好。

（1）枣头摘心　在枣树始花期，对当年萌生的枣头和枣头上的二次枝，进行不同程度的摘心，可有效控制营养生长，调节树体营养分配，使枣头所消耗的营养转移到开花坐果上，明显地提高坐果率。对没有生长空间的枣头，留 5～7 cm 后强摘心，培养木质化枣吊结果，同时对木质化枣吊也进行摘心，坐果效果好。

（2）环状剥皮　环状剥皮也叫枣树开甲，宜在盛花初期进行。环剥部位主要在主干部位。环剥一般选择在整形完毕，树干直径达 10 cm 以上，营养生长旺盛，连续多年坐果率较低的旺树上进行。环剥方法是在树干或大枝平滑部位，先刮去外层老翘皮，用环剥刀在刮过皮的部位环剥，切口深达木质部，环剥宽度一般是树干直径的 1/10。清理切断的韧皮，切口平直，不留毛茬，并及时涂抹湿泥。老龄树、未完成整形任务的树和生长势较弱的树，不宜进行环剥。

所有需环剥的树必须在有经验的专业技术人员指导下进行，严禁盲目模仿，以免造成损失。

（3）喷水和灌水　枣树的花芽需较高的空气湿度，开花坐果需要有充足的水分供应。枣树花期土壤灌水和树上喷水，可改善枣园空气湿度，补足各器官对水分的需求，有利于花芽分化，能明显提高坐果率。喷水时间宜在傍晚，喷水次数因花期干旱程度而异，受干热风影响时，最好做到每天 1 次，共喷 5～8 次。

（4）喷施植物生长调节剂和微肥　枣树花期喷施植物生长调节剂和微肥，可提高坐果率。目前生产上常用的植物生长调节剂和微肥主要有硼酸和硼砂。花期喷 0.2%～0.3% 的硼酸或硼砂溶液能刺激花粉发芽和花粉管生长。对提高坐果率也有一定效果，土壤缺硼的枣园使用效果更加明显。

（5）枣园放蜂　红枣为虫媒花，有丰富的花蜜。枣园放蜂能提高授粉率。优质枣花蜜也是市场上的抢手货，可谓一举两得。

（五）　水肥一体化管理

红枣水肥一体化技术主要须注意以下4方面：

（1）建立一套适宜沙地红枣的灌溉系统。灌溉系统由水源、首部枢纽、输配水管道、灌水器4部分组成，红枣水肥一体化的灌水方式可采用喷灌、微喷灌、滴灌等，设施栽培可选用（微）喷灌或者滴灌，露地栽培以选择滴灌为佳。

（2）完善施肥系统，要在田间设计定量施肥设施，包括蓄水池和混肥池的位置、容量、出口、施肥管道等。

（3）选择适宜肥料种类，可选液体或固体肥料，固体肥料以粉状为首选，要求其易溶，养分含量高，杂质含量低，溶解速度快，能避免产生沉淀，酸碱度为中性至微酸性。

（4）在灌溉施肥操作上要注意肥料溶解均匀，控制好施肥量。

（六）　枣树主要病虫害的安全防治

**1. 严格检疫**

严把苗木调运和产地检疫关，凡是有"两蚧"（即红枣大球蚧和梨圆蚧）的苗木，不允许调运和引进，对枣园苗木逐株检疫，不用有虫苗木。

**2. 加强土肥水管理、培壮树势**

实践证明，越是干旱、树势衰弱的枣园，"两蚧"的发生越重，培壮树势，激活树体自身具有的避食能力，能有效地减轻"两蚧"为害。

**3. 及时清园**

在"两蚧"为害较严重的枣园，在进入休眠时期要结合修剪，剪除带虫枝，清理树下新萌发的根蘖苗，与枯枝落叶一并烧毁。

**4. 人工防治**

在虫害发生较少的枣园，在4月下旬至5月下旬，"两蚧"雌虫抱卵时，用树枝将雌体刺破或用抹布抹去枝条上的雌虫卵即可。

**5. 保护和利用天敌**

红枣大球蚧的天敌有跳小蜂、异色瓢虫、胡蜂等，梨圆蚧天敌有李斑唇瓢虫、蚧蚜小蜂及普通草蛉等。应对天敌加以保护，在枣树生长期减少使用或不使用化学农药防治。

（七）　枣果的采收、贮存

**1. 采收时期**

因南疆地区主栽品种为骏枣和灰枣，两者均属于兼用品种，以鲜食为辅，制干为主。

按枣果皮和肉质变化情况，枣果成熟过程分白熟期、脆熟期和完熟期 3 个阶段。

鲜食、贮藏保鲜的枣果，宜在脆熟期采收，此时枣果已充分成熟、色泽艳丽、肉质鲜脆、含糖量高、口感好、维生素 C 含量高。

制干枣果，宜在完熟期采收，此时枣果已完全成熟、色泽纯正、果形饱满、干物质多、容易晾晒、制干率高、含糖量高、品质好。制干枣统一采收期为 10 月 20 日以后。

**2. 鲜枣贮藏**

鲜枣采收后，一般在（0±1）℃的冷库中贮藏，湿度 90％～95％，通过贮藏保鲜，能调节市场的鲜枣供应时期，提高枣的经济效益。

**3. 干枣的贮藏**

制成的干枣，按大小、色泽、有无虫伤及破损程度等将干枣分等级后进行冷库贮藏。贮藏温度控制在 0℃左右，湿度 60％以下。

## 【典型人物案例】

### "红枣工匠"大漠中书写"红色传奇"

李怀民出生在河南省一个普通的农民家庭，那里人多地少，寸土寸金。受生活环境影响，从小他就喜欢琢磨红枣，并一直怀揣一个梦想：中国西部沙漠地广人稀，把红枣种在沙漠上，让不毛之地变成红枣之乡。沙漠治理难，在沙漠中干出成绩、带领大家致富更难。李怀民在工作中总结出要利用沙地资源发展生态枣业，将沙漠治理与经济发展密切结合起来，产生了极大的复合生产力。他创建了矮化密植集约经营模式和栽植方法；探索红枣丰产、稳产技术；推广枣粮、枣药、枣草间作技术；编写了《沙地种枣技术手册》，并组织牧民技术培训，科学种枣建园。立足本地优势，大胆探索红枣治沙新模式，大力发展枣产业，彰显蒙枣生态、经济、社会三大效益。目前，形成了"科研＋生产"的产业体系，推行了"研究所＋合作社＋基地＋农牧民"的运作模式。向种植户实行"三包"，即包技术、包成活、包挂果的承诺，极大地调动了当地农牧民种植枣树的积极性。现已在鄂尔多斯市 6 个旗区推广种植 3 万多亩，成活率均在 90％以上，并呈现出大好的发展势头。

40 年来，李怀民面对荒漠化挑战，听从党和人民的召唤，不忘初心，勇于追梦，在"黄沙遮天日，飞鸟无栖树"的荒漠沙地上艰苦奋斗、甘于奉献，顺应自然、尊重自然，利沙之长、避沙之短，成功地走出一条沙漠生态修复和产业发展之路，用实际行动诠释了"绿水青山就是金山银山"的理念。

| 典型人物事迹感想： |
| --- |
| |
| |
| 典型人物工匠精神总结凝练： |
| |
| |
| |

# 任务1　生产计划

在师傅指导带领下，调查枣园基本情况，制订企业红枣生产基地年度生产计划和目标任务分解，开展生产基地调查，收集资料，明确任务，以基地红枣物候期为顺序，确定全年生产计划，检查落实生产资料准备情况。

## 【任务目标与质量要求】

制订企业红枣生产基地年度生产计划和目标任务分解，开展生产基地调查，收集资料，明确任务，以基地红枣物候期为顺序，确定全年生产计划，检查落实生产资料准备情况。

## 【学习产出目标】

1. 熟知枣树生产相关名词概念，物候期及生长特点；主栽果树树种、品种特点；果树各阶段生长特点。

2. 制订枣树周年管理计划。

3. 准备组织开展培训的相关材料。

4. 完成农资准备相关记录。

## 【工作程序与方法要求】

| | | |
|---|---|---|
| ● 调查枣园基本情况 | 　　根据公司生产目标，调查枣园基本情况，为制订生产计划奠定基础。枣园基本情况调查的内容：<br>　　(1) 红枣生长发育的基本资料和基本情况。如红枣物候期资料；枣园主要病虫害发生规律；枣园所在地气候资料及自然灾害发生时间、强度及危害情况；与红枣生长发育有关的土壤、水分及其他条件情况；果园基本情况，如枣园位置、枣园面积、枣园规划、种植树种、品种、栽植模式、树龄、树形、树势等。<br>　　(2) 收集与红枣生产有关的技术标准作为制订方案的依据。<br>　　(3) 调查市场，掌握红枣销售市场对红枣及其生产技术的要求。 | 要求：明确公司运营模式及生产目标，明确调查任务，调查要详细，表述要清晰。 |
| ● 制订枣园生产计划 | 　　根据枣园调研的基本情况，由生产负责人组织技术员、生产工人并吸收销售人员共同制订枣园生产计划。枣园生产计划的内容：<br>　　(1) 根据枣园生产环境条件、技术能力及果品市场要求确定果品生产目标。<br>　　(2) 根据标准要求，确定枣园生产采用的生产资料。<br>　　(3) 根据红枣物候期、病虫害发生规律、当年气候特点，按照相应的标准要求制订各单项技术全年工作历。<br>　　(4) 按照综合性、效益性的原则，以各个物候期为单位，以物候期的演化时间为顺序，将单项技术全年工作历有机合并、选优组合，形成枣园生产计划。 | 要求：枣园生产计划项目齐全，工作措施明确，人员配置、成本费用准备充足，按标准准备资料及管理考核。 |
| ● 准备生产资料及培训 | 　　按照枣园生产计划，准备生产资料，并检查资料准备是否符合标准，生产资料数量是否充足，做好入库登记，组织工人进行技术培训工作，按要求办理财务手续，严禁出错。 | 要求：准备资料数量充足，生产资料符合生产标准要求，做好生产资料记录，严禁出错。 |

## 【业务知识】

### 红枣综合生产技术方案的制订

　　红枣综合生产技术方案是果园经营方针的体现。完整的生产方案包括果园生产技术实施计划、人力资源开发、生产资金与生产资料的管理使用以及果品销售的前期工作，制订果园综合生产技术方案按以下步骤进行。

　　首先，应调查研究，充分掌握第一手资料。具体包括三方面内容：一是红枣生长发育的基本资料和基本情况。如红枣物候期资料，枣园主要病虫害发生规律，枣园所在地气候资料及自然灾害发生时间、强度及危害情况，与红枣生长发育有关的土壤、水分及其他条件情况。二是收集与红枣生产有关的技术标准作为制订方案的依据。如《无公害果品　农药使用准则》（DB13/T 609—2004）、《无公害果品　肥料使用准则》（DB13/T 608—2004）、《优质枣生产技术规程》（DB13/T 481—2002）。园地适宜的基本自然条件应符合 DB13/T 481—2002 中第一章的相关规定。三是调查市场，掌握红枣销售市场对红枣及其生产技术的要求。

然后，在调查研究、收集资料的基础上，由枣园生产负责人组织技术员、生产工人并吸收销售人员参加制订技术方案。首先，根据枣园生产环境条件、技术能力及果品市场要求确定果品生产目标标准，其等级由低到高依次是普通红枣、无公害红枣、A级绿色红枣和 AA 级绿色红枣。其次，根据标准要求确定枣园生产采用的生产资料，如农药、肥料、除草剂、生长调节剂的种类。确定红枣质量标准及适宜产量指标，各单项技术的基本路线与任务。例如，修剪技术中全树枝量的确定，实现果实外观质量采用的技术途径、主要病虫害控制的目标等。再次，根据红枣物候期、病虫害发生规律、当年气候特点，按照相应的标准要求制定各单项技术全年工作历。最后，按照综合性、效益性的原则，以各个物候期为单位，以物候期的演化时间为顺序，将单项技术全年工作历有机合并，选优组合，形成综合生产技术方案。

最后，在实施综合生产技术方案中，根据枣园实际情况及时调整技术，进一步优化方案，使其成为翌年技术方案的雏形。以后随红枣生长发育变化，根据市场需求及气候条件变化，每年作小范围调整充实即可。

## 【业务经验】

## 阿克苏地区红枣周年管理工作历

| 月份 | 物候期 | 主要管理工作 |
|---|---|---|
| 3月上中旬 | 休眠期 | （1）进行整形修剪，并结合修剪采集接穗和剪除病虫枝。<br>（2）在树干基部绑塑料布和堆土，防止枣尺蠖雌成虫上树产卵。<br>（3）对枣树喷布 3～5 波美度石硫合剂。<br>（4）整修树盘，清理果沟，浇早春水。 |
| 3月下旬至4月下旬 | 萌动期 | （1）萌芽前进行整形修剪，并结合修剪采集接穗。<br>（2）枣苗出圃，春季栽植枣树。<br>（3）播种酸枣苗。<br>（4）进行枣苗嫁接。<br>（5）进行枣树高接换种。<br>（6）进行间作物和绿肥作物播种。<br>（7）给枣树追肥、浇水。<br>（8）对地面和树上喷药，补喷防蚜类及春尺蠖的有机农药，树干绑粘虫胶。 |

续表

| 月份 | 物候期 | 主要管理工作 |
| --- | --- | --- |
| 4 月下旬至 5 月下旬 | 抽枝展叶期 | (1) 进行枣苗嫁接。<br>(2) 进行枣树高接换种。<br>(3) 进行枣树夏季修剪。<br>(4) 苗圃地、间作物和绿肥管理。 |
| 6 月份 | 初花期至盛花期 | (1) 进行枣树夏季修剪。<br>(2) 枣园放蜂，促进授粉。<br>(3) 枣园追肥、灌水，中耕除草。<br>(4) 加强管理，促花坐果。<br>(5) 干旱高温天气时，早、晚给树冠喷水。<br>(6) 解除嫁接枣苗的包扎物，给高接换种的枣树及时除萌、松绑和立支柱防风害。<br>(7) 防治桃小食心虫、红蜘蛛、黄刺蛾等多种害虫。<br>(8) 在枣园安装灭蛾器，诱杀、诱捕各种害虫成虫。 |
| 7 月份至 8 月上旬 | 幼果生长期 | (1) 进行苗圃地、间作物和绿肥作物管理。<br>(2) 在枣园追肥、灌水和树盘（树行）翻压绿肥作物。<br>(3) 防治桃小食心虫、红蜘蛛等害虫。<br>(4) 防治枣树缩果病。 |
| 8 月中旬至 9 月中旬 | 果实膨大期 | (1) 对枣树喷 1∶2∶200 波尔多液，防治枣锈病、炭疽病和缩果病。<br>(2) 防治桃小食心虫、红蜘蛛等害虫。<br>(3) 进行枣园中耕除草和翻压绿肥作物。<br>(4) 对苗圃地进行追肥、灌水和防治病虫害。<br>(5) 采收白熟枣，用于加工蜜枣。 |
| 9 月下旬至 10 月下旬 | 果实着色期至采收期 | (1) 在树干和主枝上束草，诱集枣黏虫等越冬害虫。<br>(2) 摘拾树上虫果和地面落果，进行处理。<br>(3) 采收白熟期枣果加工蜜枣，采收半红期枣果进行保鲜贮藏。<br>(4) 收获间作物，播种间作小麦。<br>(5) 采收完熟期制干品种枣果，用于烘烤或晾晒干枣。 |
| 11 月份 | 落叶期 | (1) 摘拾树上虫果和地下落果。<br>(2) 秋施基肥，秋耕枣园，秋翻树盘。<br>(3) 苗木出圃，秋栽枣树。 |
| 12 月份至翌年 3 月上旬 | 休眠期 | (1) 清除枣园枯枝、落叶、病果和杂草。<br>(2) 秋耕枣园，耕翻树盘。<br>(3) 苗木出圃，秋栽枣树。<br>(4) 给枣园和枣苗圃灌封冻水。<br>(5) 处理树干和主枝上的束草。<br>(6) 销售枣果加工产品。<br>(7) 清除病虫枝。<br>(8) 进行全年工作总结。<br>(9) 刮树皮、涂白、消灭枣黏虫和红蜘蛛等害虫的越冬虫卵和蛹。<br>(10) 制订下一年度全年工作计划，组织技术培训。<br>(11) 备好农家肥、石硫合剂、地膜、种子和生产工具等物资。 |

# 【工作任务实施记录与评价】

## 1. 红枣园气候条件调查

调查人：＿＿＿＿＿＿＿＿＿＿　　　　　　　调查时间：＿＿＿＿＿＿＿＿＿＿

| 项目 | 调查地点 | | | | 备注 |
|---|---|---|---|---|---|
| 年平均温度 | | | | | |
| 最高温度 | | | | | |
| 最低温度 | | | | | |
| 初霜期 | | | | | |
| 晚霜期 | | | | | |
| 年降雨量 | | | | | |
| 雨量分布情况 | | | | | |
| 不同季节的风向风速 | | | | | |
| 有效积温 | | | | | |
| 活动积温 | | | | | |

## 2. 红枣园土壤条件调查

调查人：＿＿＿＿＿＿＿＿＿＿　　　　　　　调查时间：＿＿＿＿＿＿＿＿＿＿

| 调查地点 | 土层厚度 | 土壤肥力 | 土壤酸碱度 | 有害盐含量 | 地下水位 | 有机质含量 |
|---|---|---|---|---|---|---|
| | | | | | | |
| | | | | | | |
| | | | | | | |
| | | | | | | |
| | | | | | | |

## 3. 红枣园基本情况调查

调查人：＿＿＿＿＿＿＿＿＿＿　　　　　　　调查时间：＿＿＿＿＿＿＿＿＿＿

| 项目 | 果园名称或户主 | | | |
|---|---|---|---|---|
| 果园面积 | | | | |
| 小区划分 | | | | |
| 道路设置 | | | | |
| 品种 | | | | |

续表

| 项目 | 果园名称或户主 | | | |
|---|---|---|---|---|
| 授粉树配置 | | | | |
| 砧木 | | | | |
| 树龄 | | | | |
| 栽植距离 | | | | |
| 栽植方式 | | | | |
| 防护林 | | | | |
| 水源 | | | | |
| 排灌系统 | | | | |
| 建筑物 | | | | |
| 机械化程度 | | | | |
| 果树缺株情况 | | | | |
| 果园树体整齐度 | | | | |

### 4. 红枣园生产情况

| 基地或种植户 | 枣园面积 | 去年产量 | 枣园存在的主要问题 | |
|---|---|---|---|---|
| | | | | |
| | | | | |
| | | | | |
| 信息获取情况评价 | | | 评价成绩 | |
| | | | 日期 | |

### 5. 学徒关键职业能力及职业品质、工匠精神评价

| 项目 | A | B | C | D |
|---|---|---|---|---|
| 工作态度 | | | | |
| 吃苦耐劳 | | | | |
| 团队协作 | | | | |
| 沟通交流 | | | | |
| 学习钻研 | | | | |
| 认真负责 | | | | |
| 诚实守信 | | | | |

# 任务 2　萌芽前的管理

## 【任务目标与质量要求】

在师傅的培训指导下，查看枣园树体状况，制订整形修剪方案；准备并检查修剪工具，组织和指导种植户进行修剪工作，检查修剪质量；结合修剪采集接穗；督促种植户清园；检修喷药器械，指导种植户进行枣树病虫害预防工作。

## 【学习产出目标】

1.熟知枣树整形修剪相关概念（枝芽特性、修剪的原则和依据）、修剪时期、枣树丰产树形、修剪基本方法、修剪技术要点。

2.完成枣树修剪方案及修剪质量检查记录。

3.完成枣树整形修剪技术总结。

4.完成检查（检修）记录单。

5.完成农机具检查相关记录。

## 【工作程序与方法要求】

| 制订枣树修剪方案 | 根据制订的工作计划，开展落实工作，做好枣树休眠期修剪方案，主要开展的工作包括：<br><br>（1）果园基本情况调查，内容包括果园位置、果园面积、种植树种、品种、栽植模式、树龄、树形、树势等。<br><br>（2）制订修剪方案。<br><br>（3）根据劳动定额制订用工计划以及准备所需修剪工具、材料等，达到生产技术的要求。 | 要求：清楚调查项目，做好记录，明确修剪任务、工作措施、人员配置、成本费用、管理考核指标。 |

| | |
|---|---|
| **落实枣树修剪方案** | 公司统一管理，企业师傅指导，由生产负责人组织技术员、生产工人，全员参与。<br>（1）幼树整形<br>主要任务：重视整形修剪，注意对幼树骨架的培养，增加枝叶量，同时调节好生长与结果的矛盾，利用好辅养枝，培养合理的结果枝组。通过修剪等手段合理调节树体的枝量，控制枝条的生长部位，培育牢固的骨架和良好的树体结构，使各部位的枝条各自占领一定的空间，有良好的光照条件，能充分进行光合作用。<br>主要措施：促进萌生分枝，选留强枝。开张角度，扩大树冠。疏截结合，使红枣幼树形成合理牢固的树体结构。根据种植密度，选择合适的树形，依据树形标准，综合应用修剪方法，逐年完成整形工作。<br>（2）结果树整形<br>主要任务：使树体结构紧凑、均匀，充分受光，主体结果，少主多侧，少头多股，少吊多花。控制树冠，改善树冠光照条件；稳定树势，精细修剪枝组。保持树冠通风透光，枝条分布均匀，有计划地进行结果枝组的更新复壮，使每个结果枝组维持较长的结果年限，做到树老枝不老，长期保持较高的结果能力。<br>主要措施：<br>①调整骨架，处理害枝　按照修剪方案通过疏枝和回缩多余的骨干枝，处理妨碍树形、影响通风透光的辅养枝、株行间交叉枝、重叠枝，去除密生枝、病虫枝、竞争枝、徒长枝等有害大枝。<br>②分区按序，精细修剪　将全树以骨干枝为单位划分修剪小区，按照从上到下的顺序依次进行修剪。根据骏枣和灰枣的品种特性、树龄、长势、修剪反应、自然条件和栽培管理水平来确定修剪程度和修剪量。<br>③清理果园　将修剪下来的一年生枝、多年生枝、病虫枝等，全部清除出果园，整齐排码到果园外，将病虫枝集中烧毁，防治病虫害；将果园中的杂草全部清除出果园，烧毁或进行深埋。<br>④查漏补缺　检查补漏，全树平衡，分区修剪完成后应回头检查是否有漏剪或错剪之处，及时补充修剪。全树修剪完成后，应绕着枣树从不同方位查看修剪结果。 | 要求：修剪前检查并准备好工具，要求工具坚固、轻便，长期保持锋利、省力。严格按照修剪方案，并根据果树实际情况进行修剪；按照修剪流程进行，修剪工人必须是熟练工人。对于整个果园来说，没有遗漏未剪的，对于每一棵树，没有剪错、漏剪的。 |
| **采集接穗** | 结合修剪采集嫁接接穗。选用生长健壮、无病虫害的优良品种结果树。一般采集一年生发育枝（枣头）或健壮的二次枝，节间较短、生长健壮、芽体饱满及木质化程度较高的、粗 0.5 cm 以上的枝条作为接穗。 | 要求：采集优良品种母株上的枝条，及时采集、封蜡、贮藏或嫁接。 |
| **施用基肥、灌水、保墒** | （1）施肥　初果期树每株施有机肥 30～50 kg；盛果期树每株施有机肥 100～150 kg。对纯枣园，每亩施有机肥 5 000～6 000 kg。基肥中加入速效氮磷肥的量，因枣树大小而定，生长结果初期每株枣树加入尿素 0.2～0.4 kg，过磷酸钙 0.5～1.0 kg，盛果期大树每株加入尿素 0.4～0.8 kg，过磷酸钙 1.0～1.5 kg。<br>（2）基肥　1 kg 枣果施 1 kg 基肥，N∶P∶K＝1.9∶0.9∶1.3。<br>（3）灌水　根据当地实际情况，可适量灌水。浇水量宜掌握在水分下渗土中 30～50 cm 为宜，灌水方法采用沟灌。 | 要求：根据树体年龄和目标产量确定基肥的用量，灌水适量。 |

| | | |
|---|---|---|
| ● 病虫害防治 | （1）防治腐烂病　发现病斑，及时刮治，刮病斑时要刮干净，刀口刮出新茬，及时将刮下的病皮拿出地里，进行烧毁。<br>（2）预防枣尺蠖和红蜘蛛、蚧壳虫　刮老树皮、树体涂白，3月中旬刮除树干上的老翘皮，在树干地径处捆绑塑料薄膜裙或环，也可涂抹粘虫胶，防止上树产卵。亦可在树体主干处涂白，防治害虫。<br>（3）及时清园　结合修剪清理枝条，将落叶、病枝及时清理出田间，进行集中烧毁，防止病虫传播。<br>（4）喷石硫合剂　喷布5波美度石硫合剂。 | 要求：以预防为主，根据气候及病虫害发生规律及时预防，药剂选择符合绿色果品生产要求。 |

# 【业务知识】

## 春季枣园管理

春季枣园管理包括三大方面，即树体管理、树下管理和病虫害防治。

**1. 树体管理**

树体管理主要包括幼树定干整形和成龄树的修剪。南疆地区春季修剪一般在3月中旬至4月中旬（萌芽前）进行。

（1）幼树定干整形　幼树定干宜早不宜晚，传统的晚定干、高定干方式是导致结果晚的重要原因。主要任务是清除定干部位以下所有二次枝或留1节短截。适当早定干、低定干有利于早成形、早结果。一般应在定植后2～3年，高密度枣园定干要低于40 cm，采用开心形小树冠的树形；中密度枣园，株数在100株/亩以上，最好也采用开心形，主要是开心扇形，定干高度40～60 cm。

枣树的树形应本着"有形不死，无形不乱"的原则，根据栽培密度和品种特点及立地条件等灵活掌握。枣树上常用的树形有疏散分层形、开心形、单主干纺锤形、"Y"形、柱形等，事实上只要采用得当，各种树形都可以丰产。南疆地区一般密度枣园枣树的丰产树形主要有主干形、疏散分层形和开心形3种。

定干整形应在早春发芽前进行。一般是定植后的第2年定干，若枝条发育弱可推迟到第3年定干，但不能晚于第3年。定干后，应先将剪口下的第1个二次枝从基部剪除，以利用主茎上的主芽萌发的枣头培养成中心领导枝。接下来选择3～4个二次枝各留1～2节进行短截，促其萌发枣头，培养第1层主枝。对第1层主枝以下的二次枝应全部剪除，以节约养分消耗，加速幼树生长发育。

（2）盛果期树的修剪　盛果期树修剪切不可生搬硬套，拘泥树形。应本着"大枝亮堂堂，小枝闹攘攘，树老枝不老，枝枝都见光"的原则灵活进行。

①短截　有两种方式。"一剪子堵"，剪去后期生长的细弱二次枝，留枣头中部生长健壮的二次枝，提高枣树的结果能力。对辅养枝先放后截，促进结果；对连年单轴

延伸的骨干枝其后部细弱的二次枝，可适当短截，促进更新复壮。"两剪子出"，对枣头进行短截时，疏除剪口下的第 1 个二次枝，刺激剪口下主芽萌发，促进主侧枝延长生长，扩大结果面积，形成新枣头，这是对主侧枝延长枝的一种处理方式。

②回缩　对多年生的细弱枝、下垂枝、冗长枝回缩修剪，使枣树局部枝条更新复壮，以抬高枝条角度，均衡树势。回缩的方法也有两种：一种是边更新边结果法，操作时在各个主干枝的基部，选两个不同方位的健壮的二次枝，各保留一个枣股（芽眼），其余剪掉，主干枝向前延伸的部位不动。春天发芽后，保留的枣股就会萌发出新的枝条，待长到 70～80 cm 时掐头，并随之把新枝拉到适当的部位。落叶后再把向前延伸的主干从新枝处锯掉。此法不影响当年的产量，目前已在各地得到广泛应用。另一种是大抹头更新法。该方法是按照开心形的要求整理好树体骨架，在整理好的骨架上选留方位适当、角度合适的二次枝数个，回缩时只留 1～2 个枣股，以刺激在春天萌发成枣头，待这些枣头长到 80 cm（7～8 个二次枝）时掐头，同时把新枝拉到合适的部位。这种大抹头更新法只要加强管理，当年产量不减。

③疏枝　遇到重叠枝或并生枝，疏去其中过旺、过弱等结果能力差的一枝；对于多个枝生于一处的轮生枝，只留一健壮结果枝，其余全部疏除。此外，还要全部疏除干枯枝、病虫枝、细弱无效枝及无利用价值的徒长枝。

④更新结果枝组　通常 3～10 年生的结果枝组结果能力最强。因此对 10 年生以上的老龄枝组要及时更新。一般结果枝组从第 5 年开始陆续更新，这样既可以起到更新的作用，又能让枣园保持稳产。可利用枝组附近或枝组基部萌生的新枣头替代衰老枝组，也可重截衰老枝组，并疏除剪口下二次枝，用萌出的新枣头替代衰老枝组。

（3）老树修剪　主要是回缩衰老枝，培养更新枝，延长结果年限。

（4）采集接穗　枣树落叶后到芽萌动前休眠期均可采集接穗。选用生长健壮、无病虫害的优良品种结果树。一般采集一年生发育枝（枣头）或健壮的二次枝，节间较短、生长健壮、芽体饱满及木质化程度较高的粗度在 0.5 cm 以上的枝条作为接穗。剪截接穗多以单芽为主，长度为 5～7 cm，芽体上部留 1.5～2.0 cm，同时剔除枝条上的针刺。为便于贮藏，减少水分蒸发，保证接穗的生命力，采用封蜡处理。若接穗存在失水现象，可用清水浸泡 3～5 h 后晾干再蘸蜡，也可先将剪回的枝条沙藏于窖内，待嫁接前再剪截分段后封蜡。

①封蜡方法　先将蜡液加温至 80～120℃（蜡液温度过低，蜡层厚易脱落，过高则易烫伤接穗），然后将准备好的接穗放入蜡液中，速蘸 1 s 后取出，撒开，以利于蜡液迅速降温，避免烫伤接穗。蜡层以薄厚均匀、全面包裹住接穗为宜。

②贮藏方法

蜡封贮藏：封好的接穗装进塑料袋中，放入 0～5℃、湿度 50%～80% 的贮藏库或地窖中，定期检查接穗有无腐烂和失水现象。待翌年嫁接时取出。

窖贮：接穗以 100 根为 1 捆，按品种捆好，贮藏在低温、保湿的地窖中，窖内温度应低于 5℃，保持较高的湿度，并将接穗的下半部用湿沙埋起来。

**2. 树下管理**

（1）施肥　春季施肥包括早春增施基肥和晚春追施速效肥。晚春追施速效肥以氮肥为主，在 4—5 月份发芽前后进行。一般成年树在树外围里侧，挖 4～8 个深 30～40 cm 的小坑，每株追施尿素 0.5～1 kg、过磷酸钙 2 kg，幼树酌减。

（2）春季耕翻和整修树盘　春季耕翻在土壤解冻后进行，耕翻深度 30～40 cm，树干附近的深度应浅些，以防断伤大根。春季风多、风大的地区不宜耕翻。靠近山的地区春季耕翻应该与修补整理树盘一起进行。

（3）春季灌水　新疆南疆地区春季大多干旱少雨，萌芽期灌水效果很好。一般灌水采取沟灌。灌水量应根据天气、墒情、树势、树龄等而定。春季灌水最好与追肥结合进行。

**3. 病虫害防治**

春季是病虫害防治的关键期。春季发生的虫害主要有枣尺蠖、枣瘿蚊、蚧壳虫等，应抓住关键时期及早进行防治。对枣疯病、枣锈病等病害，亦应该结合春季清洁枣园，剪除病虫枝，集中烧毁，以减轻这些病害的发生。另外，枣疯病防治方法有二：一是在 4 月下旬至 5 月上旬，树干滴注河北农业大学研制的"祛疯 1 号"，可有效控制病情，恢复结果；二是利用河北农业大学最新选育的高抗枣疯病新品种"星光"（原名抗疯 1 号）进行高接换头改造，可起到品种更新和治疗病树的双重功效。

（1）清园　在南疆地区，以阿克苏地区枣树为例。春季萌芽前还需要开展清园工作，可以有效清除越冬的虫卵、害虫和各种病菌，减轻病虫对枣树的危害。春季枣树清园主要做好以下工作：

①刮树皮　刮树皮的主要目的是防治在树皮缝中越冬的各种病菌、害虫。通过这种方法防治的虫害有枣树红蜘蛛、灰暗斑螟、枣龟蜡蚧、枣粉蚧和红缘天牛等；病害有轮纹病、炭疽病等。同时刮树皮还能促进树体新陈代谢，有利于枣树的正常发育。刮树皮的时间，以春季温度开始回升时为宜，刮树皮时主要是将主干、主枝上的粗皮、翘皮刮掉，刮得太轻起不到作用，刮得太重容易影响和破坏树体的木质部和形成层，一般以树干不露白为宜，切记要将刮下的树皮全部集中带到园外并销毁。

②捡拾病虫果，集中销毁　地上留下的坏枣大都是病虫枣，里面隐匿着大量的害虫（卵）及病菌，落叶也常有病虫叶，冬季没有捡拾的枣园要在早春把这些病虫果和病虫叶及时清除干净，并带出园外集中销毁，防止病菌或虫卵再次侵染。

（2）喷施药剂　枣树萌芽前喷洒石硫合剂，可以消灭越冬的部分害虫和病菌；喷洒 30％龙灯福连悬浮剂 400～600 倍液、77％多宁可湿性粉剂 300～400 倍液、60％统佳可湿性粉剂 300～400 倍液，同时加入 20％快灵 1 000 倍液，可有效铲除树体内的越冬病菌和害虫。

## 【业务经验】

### 一、抓好土壤管理

搞好枣树春季土壤管理能有效提高根部对肥水的吸收，增强枣树的抗旱能力。一是对冬季没有中耕松土或挖地不彻底的要全面进行中耕松土，从而提高坐果率；二是开沟垒"瓦背式"厢或做树盘，以增厚根部肥土层；三是秸秆覆盖树盘，秸秆覆盖既能保湿、增温、抑草，又能培肥。

### 二、盛果期枣树"五字"修剪法

**1. 疏**

疏除冠内轮生、并生、徒长、重叠、密挤、病虫、干枯枝，以打开冠层，使其透光通风，为留下的枝条创造良好的条件。

**2. 缩**

将多年生枝先端下垂部分回缩到壮段、壮芽处，抬高枝条角度，增强生长势。剪口下若有二次枝，可剪除，促其萌发新枣头。对过度衰弱的各级骨干枝应适当回缩，促进潜伏芽发出新枝，重新培养出主枝延长枝和侧枝，充实内膛。当骨干枝上出现更新枝时，可再次接回缩至更新枝处。

**3. 堵**

把枣头延长枝剪掉一段，又称短截。对枣头延长枝只剪一剪子，剪后一般不出枝，故有"一剪子堵"的说法。各级骨干枝上不做延长枝的枣头生长过长时，应截短，控制其继续延伸，使结构紧凑、下部枣股和二次枝得到复壮，培养成健壮的结果枝组。对连年单轴延伸、后部二次枝细弱的主枝延长枝，可剪除延长枝30~50 cm，使后部二次枝得到复壮后继续延伸。对各级骨干枝上的徒长枝和1~2年生的发育枝，根据空间大小留4~6个二次枝截短，培养成中小型结果枝组。

**4. 放**

促进枣头继续延伸的方法叫放。有3种措施：①经过上回修剪的骨干枝剪口下萌生的新枣头，选留方向好、长势壮的1~2个甩放不动，培养出主枝延长枝和侧枝。②长势健壮的骨干枝因主、侧枝配备较好且有空间利用，对延长枝甩枝不动，翌年再加以控制。③通过修剪刺激，使枣头萌生。但各级骨干枝经短截后一般很少发枝，必须剪掉剪口下1~2个二次枝才能抽生新枣头，故有"两个剪子出"的说法。

**5. 拉**

拉枝。由于长期放任生长，造成树冠紊乱、偏枝缺冠等现象，可把外围有空间的多年生直立枝用绳拉至适当位置，加以固定，填补空间，改善光照，以扩大结果面积。

## 三、老枣树整形要点

老枣树大枝光秃严重，中下部没有可用的二级骨干枝的，按疏层形选出两层主枝或按圆头形选出 4～5 个主枝，各回缩 1/2～2/3。锯口下如无分枝，要选留 1 个直立或斜生的枣拐，并在其基部选择 1 个方向适宜的枣股处短截，作为剪口枝。

大枝光秃不太严重的老枝，最好能保留主枝和侧枝两级骨干枝，然后再按上述方法对主侧枝进行回缩。

大枝和主干均受损坏不能利用，但根系尚好的大枝，可从平地锯掉，使之发生萌蘖，当年可生长到 1.5 m 以上，比重新栽幼树生长快。夏季对其进行除萌，选留一个或暂选两个萌蘖，加速伤口愈合，并培土保护，以防折断或损坏。

老枣树整形，不论采取哪一种方法，都要加强土、肥、水管理，在伤口处涂擦愈伤防腐膜，保护愈合组织生长，防病菌侵染。

## 【工作任务实施记录与评价】

### 1. 枣园基本情况调查

调研人：_____    调研地点：_____    调研时间：_____

| 品种 | 种植密度 | 树形 | 预期产量 | 树势 | 修剪反应 | 花量 | 树冠郁闭情况 |
|------|----------|------|----------|------|----------|------|--------------|
|      |          |      |          |      |          |      |              |
|      |          |      |          |      |          |      |              |
|      |          |      |          |      |          |      |              |
|      |          |      |          |      |          |      |              |

### 2. 制订修剪方案

| 师傅指导记录 | 修剪方案质量评价 | 评价成绩 |
|--------------|------------------|----------|
|              |                  |          |
|              |                  | 日期     |
|              |                  |          |

### 3. 劳动力、用具等使用记录

| 日期 | 劳动力用量 | 修剪工具 | 其他材料 |
|------|-----------|----------|----------|
|      |           |          |          |
|      |           |          |          |
| 检查质量评价 |       |          | 评价成绩 |
|              |       |          | 日期     |

### 4. 工作质量检查记录

| 日期 | 主要任务 | 具体措施 | 完成情况 | 效果 | 备注 |
|---|---|---|---|---|---|
|  |  |  |  |  |  |
|  |  |  |  |  |  |
|  |  |  |  |  |  |
|  |  |  |  |  |  |
| 检查质量评价 |  |  |  | 评价成绩 |  |
|  |  |  |  | 日期 |  |

### 5. 学徒关键职业能力及职业品质、工匠精神评价

| 项目 | A | B | C | D |
|---|---|---|---|---|
| 工作态度 |  |  |  |  |
| 吃苦耐劳 |  |  |  |  |
| 团队协作 |  |  |  |  |
| 沟通交流 |  |  |  |  |
| 学习钻研 |  |  |  |  |
| 认真负责 |  |  |  |  |
| 诚实守信 |  |  |  |  |

## 任务3　萌芽期和新梢生长期的管理

### 【任务目标与质量要求】

在企业师傅指导下，能够组织枣树种植户进行修剪（抹芽、刻芽、摘心）工作；按照周年生产管理计划，认真落实此阶段的枣园管理项目，督促完成枣园中耕除草、平衡施肥、节水灌溉、果园生草、病虫害防治等工作；对果园出现的一般问题，及时进行分析和解决；确保各项工作管理质量。

### 【学习产出目标】

1. 掌握枣树抹芽、刻芽和摘心技术。

2. 完成枣园中耕除草、春季施肥及灌水工作。

3. 掌握枣园科学合理生草技术。

4. 防治病虫害。

# 【工作程序与方法要求】

| | | |
|---|---|---|
| ● 修剪 | （1）抹芽　待枣树发芽之后，对各级主枝、侧枝、结果枝组间萌生的新枣头，如不作延长枝和结果枝组培养，都应从基部抹掉。主要措施：萌芽期抹芽，留芽量一般每株留1芽，缺株的地方可留2芽填补空间，扩大结果面积。抹芽后，基部再次萌芽和根部萌生的根蘖要随有随除。待新枝长到15～20 cm时，插立柱扶苗，以防遇风劈折。生长期抹芽，在树体双摘心后进行，因摘心后容易导致一次枝、二次枝主芽萌发，对萌发的主芽，空间大的在基部可留一个枣吊后抹除，没有空间利用的随有随抹除。<br><br>（2）刻芽促枝　用刀、剪或小锯条在芽的上方处刻横伤，深度达木质部，促芽萌发，增加新枝，填空补缺。<br><br>（3）摘心　包括枣头摘心、一次枝摘心、二次枝摘心和木质化枣吊摘心。主要措施：对于未木质化的枝条，根据空间情况保留3～4或6～7个二次枝；一次枝摘心多在新枝长到70～80 cm或有6～8个二次枝时进行。只要达到摘心标准，二次枝摘心越早效果越好。 | 要求：抹芽要及时，操作要规范；规范使用工具，注意安全；要按标准操作；根据具体树体情况操作。抹芽时，要留壮芽、抹弱芽，留下芽、抹上芽。 |
| ● 土肥水管理 | （1）中耕除草　灌水后在行间和株间进行，中耕深度株间15 cm左右，行间20 cm。<br><br>（2）配方施肥　以5年生灰枣为例，每株枣树施红枣专用肥3 kg。<br>每100 kg鲜枣需氮1.8 kg、磷1.3 kg、钾1.5 kg。<br><br>（3）灌水　4月上中旬，枣树萌芽前灌水，主要是促进根系发育，及早萌芽，加快枝叶的生长；浇好助花水，一般南疆在5月下旬至6月上中旬灌水，此时枣树初花期到来，气温高，蒸发量大，适时浇水可促使花器正常开放，避免因干旱造成"焦花"或少开花的现象。保持枣园60 cm以上土层的含水量在14%以上。<br><br>（4）果园间作　南疆地区主要间作物是棉花、小麦。<br><br>（5）树盘管理　对树盘下进行清耕，及时清除杂草。<br><br>（6）生草　对于新开垦的荒地，选择合适的草种生草，提高地面覆盖度和空气湿度。 | 要求：根据枣园实际情况选择合适的方法及时进行管理，选择肥料种类符合绿色果品生产要求，间作物选择不影响枣树生产且经济价值较高的作物。 |
| ● 病虫害防治 | （1）防治枣瘿蚊　树干喷药，枣瘿蚊幼虫为害常导致叶片卷曲，而且喷药效果不显著，因此应把握好最佳用药期摘除新梢卷曲的受害叶片，4月下旬枣树萌芽展叶时喷药，共进行3次，每次间隔10 d。可交替喷25%灭幼脲三号1 000～1 500倍液和氯氰菊酯2 000倍液，防止害虫产生抗药性。<br><br>（2）防治枣黏虫　为了保花蕾，应防治枣黏虫为害。<br><br>（3）防治红枣大球蚧和梨笠圆盾蚧　加强中耕、除草、松土等抚育管理；红枣大球蚧的天敌有球蚧花角跳小蜂、异色瓢虫、德国胡蜂、双刺胸猎蝽，还有麻雀等鸟类。梨笠圆盾蚧的天敌有李斑唇瓢虫、蚜蚜小蜂及普通草蛉等，应严加保护。当天敌寄生率在30%以上时，禁止使用化学药剂防治。 | 要求：以预防为主，综合防治，选择药剂要符合绿色果品生产要求，结合生物防治手段。 |

# 【业务知识】

## 枣树生产中常用的技术措施

**1. 抹芽技术**

枣树萌芽后，将没有发展空间（部位）的新生芽抹去，减少养分消耗和防止其扰乱树形。枣树萌芽后，对各类枝条上多余的萌芽，及时抹除，减少营养无效消耗。

（1）萌芽期抹芽　留芽量一般每株留1芽，缺株的地方可留2芽填补空间，扩大结果面积。抹芽后，基部再次萌芽和根部萌生的根蘖要随有随除。待新枝长到15～20 cm时，插立柱扶苗，以防遇风劈折。

（2）生长期抹芽　在树体双摘心后进行。因摘心后控制了树体高度，减少了不必要的养分消耗，提高了树体养分积累，容易导致一次枝、二次枝主芽萌发，对萌发的主芽，空间大的在基部可留一个枣吊抹除，没有空间利用的随有随抹除。

**2. 幼树的增枝技术**

主要技术措施为"一拉、二刻、三扶、四短截、五回缩"。

（1）拉　定植当年不进行定干，只是在萌芽前（4月下旬）将植株顺宽行间弯斜，用绳拉成与地面成45°～60°，以减缓主干顶端生长优势，增强中下部的养分积累，为多发枝、发好枝奠定基础。如植株是嫁接繁殖的，应在植株根部打桩绑绳，以防拉枝或遇风雨劈裂。

（2）刻　拉枝后在主干背上每隔40 cm左右，选一方位适宜、芽体饱满的二次枝进行留桩短截，然后在芽上方1 cm处刻伤，深度达木质部。刻伤后暂时阻碍了营养物质和细胞激素的上运，也阻碍了枝条先端内源激素赤霉素的下运，从而促使了伤口下主芽萌动抽生枣头，增加枝叶量。

（3）扶　定植后的第2年，为了充分利用空间扩大结果面积，在萌芽前将第1年拉平后的永久性植株主干用立杆扶直，增强树势。永久性植株可按整形要求进行，临时性植株可采用主干上年所萌发的枣头不疏不剪，只用绳将其拉成水平状，减缓生长势，促其结果。

（4）短截　对于主干上空间大、枝量少的部位，可将二次枝留桩1 cm短截，促其主芽萌发，增加结果基枝。上年萌发的一年生枝，尤其是顶端枝条需要再延长时，留5～7个二次枝短截，并将剪口下第一个二次枝自基部短截。需要2个分枝时，则短截2个二次枝。

（5）回缩　即回缩控制树冠。树冠发育生长超过要求时（一般树高不超过行距），顶端回缩，控制树体向前发展，增强中下部生长优势，减少无效消耗，提高枝叶质量。直立交叉生长过旺的枣头，没有空间利用的可留2～3个二次枝回缩，培养成小结果枝组。

**3. 摘心**

摘心是摘除枣头新梢上幼嫩的梢尖。枣头一次枝摘心称摘顶心，二次枝摘心称摘边心。不同时期摘心有不同的作用。在新梢旺盛生长期摘顶心，可削弱顶端优势，促进二次枝生长，形成健壮结果枝组；新梢缓慢生长期摘心，可促进枝条的木质化，充实芽体，有利于安全越冬。此阶段的摘心主要包括枣头摘心、一次枝摘心、二次枝摘心。

（1）枣头摘心　6—7月份在新生枣头尚未木质化时，保留3～4个二次枝，将顶梢剪去。对于着生角度大、有较大生长空间的，在6～7个二次枝处摘心，枣头摘心能促进枣头当年结果。

（2）一次枝摘心　能有效地控制树体延长生长，促进下部二次枝、枣吊生长及加快花芽分化和花蕾形成，使其提早开花坐果。否则枝条无限制生长，树体高大，枝条紊乱，开花晚，坐果率低。一次枝摘心多在新枝长到70～80 cm或有6～8个二次枝时进行。

（3）二次枝摘心　随枣树的生长，不受时间限制，只要达到摘心标准，摘心越早，对促进枣吊生长、早开花坐果效果越明显。摘心标准：植株下部1～3个二次枝长到6～7节时摘顶心。中部4～5个二次枝长到4～5节时摘顶心，上部二次枝长到3～4节时摘顶心。摘心完成后树体呈上窄下宽的圆锥形。

**4. 开张枝条角度**

对角度小、生长直立或较直立的枝条，用撑、拉、吊等方法，把枝条角度调整到适当的程度，主枝角度达到60°～70°，侧枝的角度达到70°～80°，以缓和树势，改善通风透光条件。拉枝时注意防止大枝劈裂。

**5. 发芽期的肥水管理**

枣树在春季要经过萌芽、开花、抽梢、稳果等多个重要"物候期"，是一年中营养消耗量最多的时期，应充分保证这一时期的肥水供应。

追肥时施好发芽肥。发芽肥以氮肥为主，适量配施磷、钾肥，此次用肥量占全年施肥量的30%。根据挂果量多或偏少应适当增减施肥量。施肥方法：在树冠下挖槽沟等方式。勤施根外肥，在开花展叶期，树冠喷施光合营养膜肥和0.2%硼肥1次，在稳果、抽梢期喷0.3%的磷酸二氢钾加新高脂膜600倍液3～4次，每隔7 d左右喷施1次。

**6. 中耕松土**

中耕松土能消灭杂草、害虫，熟化土壤，增加土壤肥力；提高地温，减少地面蒸发和保墒。最好在灌完花前水之后，进行行间和株间松土，行间深度在20 cm以内，株间深度不超过15 cm。用小型拖拉机松土，不能机械操作的，可进行人工操作。

## 【业务经验】

### 如何对枣树进行枝条更新

枣树的结果部位大都在树冠的外围和上部，膛内的结果枝（二次枝）和底部枝条往往是开花早、结果早，又因顶端优势，这些枣果容易脱落，因此这类枝条夏管时一定要疏除。

夏剪时因为树上有枣吊和叶片，容易看清哪里的枝条过于密集，便于修剪；等到冬季叶落后，怎么看枝条也不会拥挤。

枣结果枝组的丰产期在第 2～5 年，超过 5 年的结果枝会慢慢老化，枣股饱凸，易萌发枣头，每个枣股最多能抽发 5～7 个枣吊，并且所结枣果个头小、品质差。因枣吊多，养分争夺激烈，枣果营养不足，导致生理落果严重。因此，没有树冠就没有产量，没有更新的结果枝组就没有丰产的基础和质量的保证。

## 【工作任务实施记录与评价】

### 1. 生产计划落实

| 师傅指导记录 | 生产计划落实质量评价 | 评价成绩 |
|---|---|---|
| | | |
| | | 日期 |
| | | |

### 2. 劳动力、用具等使用记录

| 日期 | 劳动力用量 | 农机具 | 农资使用 | 其他材料 |
|---|---|---|---|---|
| | | | | |
| | | | | |
| 检查质量评价 | | | 评价成绩 | |
| | | | 日期 | |

### 3. 学徒关键职业能力及职业品质、工匠精神评价

| 项目 | A | B | C | D |
|---|---|---|---|---|
| 工作态度 | | | | |
| 吃苦耐劳 | | | | |
| 团队协作 | | | | |
| 沟通交流 | | | | |
| 学习钻研 | | | | |
| 认真负责 | | | | |
| 诚实守信 | | | | |

# 任务4  开花坐果期的管理

## 【任务目标与质量要求】

在师傅的指导下，按照生产标准和枣园实际情况，科学确定留果量；组织和指导种植户进行保花保果工作，准确评价保果质量；组织和指导种植户进行保果措施，准确评价保果质量；督促种植户完成此阶段其他管理工作。

## 【学习产出目标】

1. 熟练掌握夏季修剪技术。
2. 完成果园科学追肥、中耕除草、施肥及灌水工作。
3. 根据生产计划，掌握保花保果措施和方法。
4. 选择合适的措施，防治病虫害。

## 【工作程序与方法要求】

夏季
修剪

（1）摘心　在6月上中旬，对留做培养结果枝组和利用结果的枣头，根据结果枝组的类型、空间大小、枝势强弱进行不同程度的摘心。空间大、枝势强、需培养的大型结果枝组的枣头，在有7～9个二次枝时摘顶心，二次枝6～7节时摘心；空间小、枝条生长中强、需培养中小型结果枝组的，可在枣头有4～7个二次枝时摘心，二次枝3～5节时摘边心。枣头如生长不整齐，则需要进行2～3次摘心。枣吊摘心：在初花期前至初花期，当枣吊有10～12片叶时摘心，木质化、半木质化枣吊留15～20片叶摘心。

（2）抹芽　应在5月中旬至7月上旬，每隔7 d，将骨干枝上萌生的无用枣头全部抹除。

（3）拿枝　对新发枝着生方位、角度不理想者，待无木质化时向所需方位、角度、空间弯曲引导。措施是用手握住枝条的基部2～3 cm处朝有空间处转，通过改变枝向缓和枝势。拿枝时用手握住枝基部，轻轻向下压数次，以木质部无明显折裂为宜。

（4）环剥　壮树盛花期进行。为促进花芽形成也可在5月下旬至6月上旬实施，过迟则效果不明显。环剥宽度为枝粗的1/10为宜。

要求：夏季修剪时，规范使用工具，注意安全；要按标准操作，避免伤树；根据具体树体情况操作。

| | |
|---|---|
| ● 土肥水管理 | (1) 中耕除草　中耕深度为 10 cm 左右。<br>(2) 果园生草　果园生草可提高土壤中有机质含量，减少水土流失，改善土壤结构，增肥地力。根据当地的实际情况，选择合适的草种进行果园生草。对行间的生草，超过一定高度时要及时割除以防病虫为害。生草可一定程度上提高空气湿度，促进枣树坐果。<br>(3) 保果水　6 月中旬至 7 月中旬可酌情补水 1～2 次，以防受旱影响坐果。<br>(4) 追肥　6 月上中旬，花蕾生长期喷 0.3％ 的尿素水溶液。 | 要求：按照生产规程及技术条件进行灌溉，提高空气湿度，提高坐果率。 |
| ● 保花保果 | (1) 果园放蜂　枣园放蜂多采用人工饲养的商业蜜蜂或专用的壁蜂。在枣树初花期开始放蜂，以傍晚投放效果最好。一般情况下应将蜂箱放在枣行中间，间距不宜超过 500 m。<br>(2) 割（环剥）　盛果期在主干直径达 10～20 cm 或密植树直径达 5 cm 以上时进行。初开甲的树在主干距地面 20～30 cm 处，剥口宽 0.3～0.6 cm，以后相距 3～5 cm 逐年上移。剥口要抹残效期长的胃毒剂或触杀类农药，防治虫害。<br>(3) 花期喷水　空气湿度＜60％ 时在盛花期傍晚喷水效果最好，上午次之，隔 3～5 d 再喷 1 次，共喷 2～3 次或灌水。<br>(4) 喷肥　喷生长调节剂和叶面肥，如盛花期喷 10～15 mg/kg GA 或 10 mg/kg NAA，以及硼砂、尿素、硫酸亚铁、磷酸二氢钾等。花期喷施 10～15 mg/kg 的赤霉素水溶液，或在花期结合喷 0.2％～0.3％ 的硼酸或硼砂溶液，能刺激花粉发芽，促进授精坐果，明显提高坐果率。喷施时间以初花期最为适宜，一般喷施 1 次。花期喷 0.3％ 的尿素加 0.2％ 的硼砂水溶液。 | 要求：按照生产要求进行枣园放蜂，选择合适的树体进行环割，根据空气湿度情况对枣园及时喷水和浇水，以及喷肥和调节剂促坐果。 |
| ● 病虫害防治 | (1) 枣瘿蚊防治　摘除卷叶。尽量不使用药剂，以保花保果。<br>(2) 红蜘蛛防治　6 月中旬至 7 月中旬，及时喷洒阿维菌素 3 000 倍液，或杀螨利 2 500～3 000 倍液，或扫螨净 3 000 倍液等。 | 要求：以预防为主，选择药剂要符合绿色果品生产要求。 |

## 【业务知识】

## 枣树常用的管理措施

**1. 水分管理**

枣树盛花后 15～20 d 是新梢速长、叶幕形成、幼果膨大的时期，对水分需求最敏感，称为需水临界期。所以，此阶段灌好水对缓解树体各器官对水分的竞争，促进良好生长发育具有很重要的作用。

喷水和灌水：枣树的花粉发芽需较高的空气湿度，开花坐果需有较充足的水分供应。枣树花期土壤灌水和树上喷水，可改善枣园空气湿度，补足各器官对水分的需求，有利于花芽分化，明显提高坐果率。喷水时间宜在下午 6 点以后，喷水次数因花期干旱程度而异，一般年份隔 1 d 喷 1 次，共喷 3～4 次。

为节省用工和投资，喷水可与喷肥及生长调节剂结合进行。

### 2. 摘心

在枣树始花期，对当年萌生的枣头和枣头上的二次枝，进行不同程度的摘心，可有效控制营养生长，调节树体营养分配，使摘除枣头所消耗的营养转移到开花坐果上，明显地提高坐果率。对没有生长空间的枣头，留 5～7 cm 后强摘心，培养木质化枣吊结果，同时对木质化枣吊也进行摘心，坐果效果好。

### 3. 抓喷药时间

枣树在开花期间，气温干燥的情况下，早晚喷洒新高脂膜以形成一层高分子膜，可保温保湿、减少水分蒸发，以保证枣树的开花、授粉、提高坐果率。在开花前、幼果期、膨大期各喷施一次壮果蒂灵，可激活植物生长，拓宽植物导管路径，提升植物吸水吸肥能力，提升果实产量和质量，降低落果率，减少裂果、僵果、畸形果发生率。

### 4. 夏季修剪

5 月中旬，对"两套枝"轮换结果的冬枣树，结果枝新生延长枝头留 4～6 个二次枝摘心，其他新生枣头如主干、主枝、枣股上主芽萌发形成的枣头，仅留枣吊疏除。树冠形成后，对着生位置不好，影响其他枝生长，又无发展空间的新生枣头从基部疏除；有生长空间的枣头，留 2～3 个二次枝重摘心。

### 5. 疏果

7 月上旬生理落果后，开始疏除病虫果、畸形果，一般选留枣吊中部的枣，中庸树每个结果枝（枣吊）平均留 1.2 个果。果实生长后期，也要将受害果及时疏去，以免影响全树枣果质量。

## 【业务经验】

### 枣树的环状剥皮技术

#### 1. 环剥目的

通过环剥（俗称"开甲"），切断韧皮组织，使光合产物短期不能向下运转，地上部营养相对增加，有利于满足花芽分化和开花坐果对营养的需求，以减轻落花落果，提高坐果率。开甲处理的枣产量平均高于不处理的 10％左右。

#### 2. 环剥时期

宜在盛花初期（枣吊 30％左右的花开放）进行环剥，能使果实生育期长、发育好、大果率高和商品性好。

#### 3. 环剥方法

环剥部位大多在主干部分。第一次从主干地面以上 20 cm 处开始，以后每年上移 5 cm，接近第一主枝时，再从主干下部重复进行。枣树的开甲自下而上，每年开甲一环，每环相距 5～10 cm。

具体措施：先用开甲器将主干上的老皮刮掉 1 圈，宽 1.5 cm 左右，深度以露出韧皮部为宜，然后在刮皮处环切 2 道，深达木质部，宽度为 1.0～1.3 cm，将两切口间的韧皮部剥干净。

注意事项：

（1）环剥深度　用镰刀刮去环剥部位老树皮，露出粉白色韧皮，再用专用环剥刀按要求上下环剥两圈，深达木质部，但不伤木质部。

（2）环剥切口　要求平滑，取净切断的韧皮，及时涂抹湿泥，并用塑料布包扎封闭。

（3）环剥宽度　因植株大小而异，一般为 5 mm 左右，以环剥后 30 d 内伤口愈合为宜。

（4）环剥对象　应在生长势较强的植株上进行。老龄树、未完成整形的小树和生长较弱树不宜环剥。

**4. 甲口保护技术**

为防止灰暗斑螟为害，在开甲后 5～6 h，在甲口处涂抹甲胺磷 50～100 倍液，每隔 7 d 抹 1 次，共抹 3～4 次，至甲口愈合为止。35 d 后，甲口愈合不好的要用湿泥将甲口抹平，既防虫又保持甲口湿度，有利于甲口愈合。

## 【工作任务实施记录与评价】

### 1. 生产计划落实

| 师傅指导记录 | 生产计划落实质量评价 | 评价成绩 |
|---|---|---|
|  |  |  |
|  |  | 日期 |
|  |  |  |

### 2. 劳动力、用具等使用记录

| 日期 | 劳动力用量 | 农机具 | 农资使用 | 其他材料 |
|---|---|---|---|---|
|  |  |  |  |  |
|  |  |  |  |  |
| 检查质量评价 |  |  | 评价成绩 |  |
|  |  |  | 日期 |  |

**3. 学徒关键职业能力及职业品质、工匠精神评价**

| 项目 | A | B | C | D |
|---|---|---|---|---|
| 工作态度 | | | | |
| 吃苦耐劳 | | | | |
| 团队协作 | | | | |
| 沟通交流 | | | | |
| 学习钻研 | | | | |
| 认真负责 | | | | |
| 诚实守信 | | | | |

# 任务 5　果实膨大期、果实成熟与采收期的管理

## 【任务目标与质量要求】

在师傅的指导下，按照生产标准和枣园实际情况，科学确定果实膨大期的管理技术；组织和指导种植户进行果实管理工作，准确评价果实质量；组织和指导种植户进行果实采收，准确评价采收标准与质量；督促种植户完成此阶段病虫害防治及其他管理工作。

## 【学习产出目标】

1. 熟练掌握夏季修剪（枣吊摘心）技术。
2. 完成枣园科学追肥、中耕除草及灌水工作。
3. 根据生产计划，掌握红枣品质管理措施和方法。
4. 选择合适的措施，防治病虫害。

# 【工作程序与方法要求】

● 修剪

木质化枣吊摘心：灰枣木质化枣吊适宜的摘心长度为 11 节，而骏枣木质化枣吊的适宜摘心长度为 5 节。

要求：修剪时，根据枣树品种确定最佳的摘心长度，要按标准操作。

● 土肥水管理

(1) 追肥　果实迅速膨大期，应追施硫酸钾或氯化钾。追肥量为初果期树每亩 30 kg，盛果期树每亩 30～40 kg。此期多追施钾肥和磷肥，控制氮肥的施用量，防止枝叶生长过旺，保证果实获取足够的同化物，提高果实品质。每产 100 kg 鲜枣年穴施纯氮 1.6～2 kg、五氧化二磷 0.9～1.2 kg、氧化钾 1.3～1.6 kg，之后及时浇水。

(2) 灌水　果实膨大期和果实成熟期各浇水 1 次。保持枣园 60 cm 以上土层的含水量在 14％以上。在果实膨大期，枣树不能缺水，否则会影响果实膨大和品质，应设法适量灌水。在果实成熟期要注意控水，保持土壤干燥，避免果实含糖量降低，影响着色。不可水肥不均匀，否则易造成裂果。

(3) 中耕松土除草　浇水和雨后及时中耕松土，雨后园内杂草生长迅速，与枣树争夺土壤营养，同时容易滋生各种病虫害，中耕除草即有效节省了土壤养分和降低病虫基数，还能疏松土壤、保持土壤水分、降低园内空气湿度，预防锈病的发生。

要求：根据果园实际情况选择合适的方法及时进行管理，选择肥料种类符合绿色果品生产要求。

● 果实管理

(1) 防落果　叶面喷施生长调节剂，减少落果。7 月上旬喷施 1 次 15 mg/kg 的萘乙酸，7 月下旬叶面喷施枣丰产 1 000 倍液 1 次，可减少落果。

(2) 增色　修剪、科学施肥、适当控水、摘叶、转枝、铺银色反光膜、适时采收。

(3) 防裂　需综合措施配合，详见本任务中业务经验部分。

(4) 适时采收　根据不同用途选用合适的采收技术和方法。详见本任务中业务知识部分。

要求：按照生产要求进行防落果、增色、防裂及适时采收等方面的管理。

● 病虫害防治

(1) 防治枣瘿蚊　地面施药：对于虫害发生严重的枣园，7 月份在树干下树盘周围 1.5 m 范围内，喷 75％辛硫磷乳剂 600 倍液，随后轻耙，以杀死入土化蛹的老熟幼虫。

(2) 防治枣锈病　在 7 月中旬喷施 1 次 80％的大生 M-45 杀菌剂 1 000 倍液或 70％的甲基托布津 1 000 倍液，可防治枣锈病。因枣幼果对铜离子敏感，此期不宜用波尔多液。

(3) 防枣树早期落叶　8 月初至采收，叶面喷施 1∶2∶200 的波尔多液 3 次，前两次间隔 15 d，第三次于枣采收后及时喷施，可防止枣树早期落叶。

(4) 防治蚧壳虫　7 月上旬叶面喷施 80％的速扑杀 1 500 倍液或 40％的水胺硫磷 1 000 倍液 1～2 次。

(5) 防治食心虫　7 月中旬喷施 4.5％的高效氯氰菊酯 3 000 倍液与 40％的乙酰甲胺磷 1 000 倍液 1 次。

要求：以预防为主，选择药剂要符合绿色果品生产要求。

## 【业务知识】

### 密植丰产红枣成熟标准

应根据枣果鲜食、加工、制干等不同的用途，适时采收。

不同品种的成熟期有区别，采收期也不一样。枣果的成熟期，按皮色和果肉质地变化可分为 3 个时期，即白熟期、脆熟期和完熟期。

**1. 白熟期**

白熟期果肉细胞叶绿素大量消减，果皮褪绿变白，体积不再增大。

**2. 脆熟期**

脆熟期果皮自梗洼、果肩开始，逐渐着色转红，直至全红。此时果实鲜艳，外观美观，果肉质地变脆，汁液增多，具有味甜微酸、松脆多汁等鲜食品质。

**3. 完熟期**

完熟期营养物质继续积累，含糖量达最高值，果皮渐变成紫红色，果柄和果实连接处开始变黄。

## 【业务经验】

### 防治红枣裂果的方法和途径

**1. 选用抗裂品种**

裂果严重的品种有梨枣、壶瓶枣、骏枣。裂果较重的品种有油枣、赞皇大枣等；裂果较轻的品种有柳林木枣、郎枣等。裂果较重的地区，可根据当地降雨情况，尽量将白熟期和脆熟期避开连续降水期，选择果皮较厚、韧性较强的品种。

**2. 改变枣树生育期，避开枣果裂果期**

如根据新疆当地易裂果期主要在 9 月下旬这一特点，可采用以下途径预防：

（1）促进早熟，提前采收  采用"矮干低冠、密植栽培、地面铺膜、喷洒激素"等措施及管理方法，可使枣树提早发芽，保护好初花初果及利用地表高温，促进红枣提早成熟，也可在脆熟期用 200～300 mg/kg 乙烯利催熟，达到提前采收，丰产丰收的目的。

（2）推迟枣树生育期，避开枣果裂果期  枣树的物候期比一般果树萌芽晚、落叶早、开花期长、生育期短。在花芽分化和开花特性上又具有当年分化、当年开花，单花分化期短、全树分化期长的特点。根据这一特点，可用推迟枣树生育期，避开枣果裂果期的办法预防裂果，生产上可采用枝干涂白或喷洒青鲜素等措施推迟枣果成熟期，避开枣果裂果期。

### 3. 控制水分供应，在生长季及时浇水

生长季降雨均匀，肥水充足，不易裂果。特别是枣果成熟之前雨水充足，裂果较轻。而枣果成熟前干旱、白熟期多雨，常会导致大量裂果。在生长季干旱时及时浇水，特别 6 月中旬至 7 月中旬是枣果急速生长期，也是枣树的需水临界期，通过用滴灌、渗灌或漫灌等措施及时浇水，保持土壤湿润，促进果肉细胞分裂和果皮旺盛生长，可有效防止白熟期因土壤湿度骤变而导致的裂果。

### 4. 喷洒激素和生长调节剂

从幼果期开始喷洒 0.2%～0.3% 的硝酸钙或氯化钙或喷 "防裂王"，每隔 15 d 喷 1 次。在果实白熟期以后喷 20～40 mg/kg 赤霉素、10 mg/kg NAA 等。

### 5. 白熟期前采摘

红枣在没有转红（即白熟期以前）进行加工，可有效地减少裂果，降低损失。如建设青枣加工项目，进行蜜枣加工、青枣维生素 C 饮料加工、枣浆加工、枣粉加工等。

## 【工作任务实施记录与评价】

### 1. 制订疏果方案

| 师傅指导记录 | 疏果方案质量评价 | 评价成绩 |
|---|---|---|
|  |  |  |
|  |  | 日期 |
|  |  |  |

### 2. 劳动力、用具等使用记录

| 日期 | 劳动力用量 | 修剪工具 | 其他材料 |
|---|---|---|---|
|  |  |  |  |
|  |  |  |  |
| 检查质量评价 |  |  | 评价成绩 |
|  |  |  | 日期 |

### 3. 工作质量检查记录

| 日期 | 主要任务 | 具体措施 | 完成情况 | 效果 | 备注 |
|---|---|---|---|---|---|
|  |  |  |  |  |  |
|  |  |  |  |  |  |
|  |  |  |  |  |  |

续表

| 日期 | 主要任务 | 具体措施 | 完成情况 | 效果 | 备注 |
|------|---------|---------|---------|------|------|
|  |  |  |  |  |  |
| 检查质量评价 |  |  |  | 评价成绩 |  |
|  |  |  |  | 日期 |  |

### 4. 学徒关键职业能力及职业品质、工匠精神评价

| 项目 | A | B | C | D |
|------|---|---|---|---|
| 工作态度 |  |  |  |  |
| 吃苦耐劳 |  |  |  |  |
| 团队协作 |  |  |  |  |
| 沟通交流 |  |  |  |  |
| 学习钻研 |  |  |  |  |
| 认真负责 |  |  |  |  |
| 诚实守信 |  |  |  |  |

# 任务 6　落叶期和休眠期管理

## 【任务目标与质量要求】

督促种植户做好采后树体管理，为红枣越冬打下基础；根据当地气候和枣园实际情况，指导种植户做好枣树休眠期树体管理工作；根据当年生产投入、果品质量、价格及销售情况，进行枣园效益分析；撰写生产总结和工作总结；制订种植户培训计划，提高种植户生产管理能力。

## 【学习产出目标】

1. 枣树深翻施肥。
2. 枣树病虫害预防。
3. 枣园效益分析。
4. 生产总结和工作总结的撰写。

## 【 工作程序与方法要求 】

| | | |
|---|---|---|
| ● 深耕、施肥、灌封冻水 | （1）深翻　在果实采收后至休眠前，结合施基肥采用扩穴深翻、隔行深翻、全园深翻等深翻方式进行土壤的改良。深翻深度为 30～40 cm。<br>（2）施基肥　农家肥充分腐熟，并混合施入一定量的磷肥、硫酸钾、适量的微肥等。在施肥时，要注意施肥坑的距离，施肥方式可根据树龄采用条状沟施或穴施；要深施基肥，施肥坑深度保证在 50 cm 以上，施肥后覆土 30 cm（与地面平），避免根系上浮，增强果树抵抗力。<br>（3）封冻水　在采收后至土壤结冻前，结合秋季施基肥，充分灌水，以促进根系吸收，提高树体积累养分的水平，利于花芽分化和枝条成熟，提高果树越冬能力。采用全园灌溉或沟灌的方法，要求每亩一次灌水 6～12 m³；地面淹水深 15～20 cm。 | 要求：根据果园实际情况选择合适的方法及时进行管理，选择肥料种类符合绿色果品生产要求，封冻水一定要浇足。 |
| ● 树体管理 | （1）越冬防寒　枣树落叶至土壤结冻前，配制涂白剂涂刷树干和主枝，可减少或避免果树日烧和冻害，消灭树干裂皮缝内的越冬害虫，同时具有防寒等作用。涂白剂的配方：生石灰 5～6 kg、食盐 1 kg、水 12.5 kg、展着剂 0.05 kg、动物油 0.15 kg、石硫合剂原液 0.5 kg。涂白剂的浓度以涂在树干上不往下流、不结疙瘩、能薄薄粘上一层为宜。<br>（2）培土防寒　在培土、埋土方面，3 年以上红枣培土越冬，培土前主干 30 cm 以下清干，可用干土（土壤含水量低于 60%）培土、培土厚度不低于 30 cm。<br>（3）休眠期修剪　主要在 2—3 月份进行，方法同萌芽前管理。 | 要求：根据果园实际情况选择合适的方法及时进行树体管理，避免枣树受冻，影响来年经济效益。 |
| ● 病虫害防治 | （1）彻底清园　清除枣园枯枝、落叶、病果和杂草。<br>（2）树干涂白　方法同上。 | 要求：病虫害防治以预防为主，做好清园预防工作。 |
| ● 其他 | （1）对全年进行工作总结。<br>（2）对员工有计划地开展培训。<br>（3）对枣园经济效益进行分析、总结。<br>（4）枣的贮藏与销售工作。 | 要求：工作总结要全面。 |

## 【 业务知识 】

### 生产总费用的汇集

生产总费用包括物资费用和人工费用，物资费用又包括直接物质费用和间接物质费用，人工费用包括直接用工费用和间接用工费用，这些均需要在成本中分别进行汇集。

### 1. 物质费用成本项目及其计价原则

物质费用即种植红枣过程中各种生产资料的耗费，计价的基本原则是应尽可能反映实际支出，包括苗木费用、肥料费用、农药费用、机械作业费、排灌作业费、畜力作业费、其他直接费用、农业共同费、管理费和其他支出等。

### 2. 人工费用的项目及其计价原则

在农户经营条件下人工费用的核算是成本核算的一个难点，因为家庭成员一般参加劳动而不领取工资，其劳动时间也不易计量，工资标准也不好衡量。但人工费是农产品成本的重要内容，种植红枣是劳动力集约生产，核算人工费用就更为重要。

（1）红枣作业用工的项目　种植红枣有一系列的生产作业过程，实际人工耗费只有通过实际登记，才能真实反映。按项目记载，一方面利于检查、防止遗漏；另一方面也有利于比较分析，改善管理。作业用工可以按小时计算，也可以按天计算，根据各地的习惯可以任选一种作为计量单位。为了便于汇集和分析，红枣种植作业的人工费可以分为以下项目：整地用工、定植用工、施肥用工、灌溉用工、田间管理用工、收获用工、其他直接用工、积肥用工、农业共同用工。

（2）人工费用的计价原则　农户种植红枣的人工费用按实际支付方式有3种情况：一是雇工，二是亲友的帮工，三是家庭成员。

劳动力必需生活费计算办法：先计算种植红枣农户的家庭全年生活费，再计算全家各种生产实际用工总量，家庭全年生活费除以家庭全年生产用工总量，即得到每工作日必需生活费用，以此作为家庭成员的每个工作日的报酬标准。

市场工价：以市场雇工时或农忙与农闲时的平均工价作为家庭劳动力的日工价。

确定了日工资标准以后，计算红枣作业的人工报酬，可以先把雇工作业量（工作日）加帮工作业量乘以雇工日工资得到家庭外部劳动力费用，然后把家庭劳动力红枣作业用工总量乘以家庭劳动力工作日报酬标准，得到家庭劳动力红枣作业费用。家庭外部劳动力作业费用加家庭内部作业费用，即是经营单位红枣作业劳动力总费用。

## 【业务经验】

## 树干防冻技术

果树冻害在我国各地都有发生，其发生的原因主要与气候条件、果树种类、品种的耐寒性以及栽培管理有密切关系。据相关部门调查，每年冬季由于果园防冻措施不得力而受冻的果树，占果树总数的10%以上，使果农遭受了很大的经济损失。为减少损失，防止冬季果树受冻，必须采取有效的果树防冻技术。

### 1. 树干覆土技术

随着土层加深，地温可以提高，土层每增加 5 cm，温度可提高 0.5℃左右，而且温度的变化随着土层的加深而趋稳定。因此在根部培土 20 cm 左右，可增加土温 2℃ 左右，有利于根的吸收作用，缩小水分的吸收与蒸腾的矛盾，减轻冻害。

技术要点：在土壤结冻前，在果树根颈处（即树体地上部分主干处与地下部分交界处）培土，厚度 20～30 cm，来年化冻时撤除。

### 2. 树干绑缚技术

冬天到来前，用稻草绳缠绕主干、主枝，防止日光的直射，同时起到保温作用，可有效地防止寒流侵袭。翌年春天到来时，解下草把并集中烧毁，又可消灭越冬的害虫，减轻病虫害。

技术要点：包草时，最好将主干以及主枝分叉处都包起来，避免受冻。

### 3. 防冻剂（石蜡乳液）

（1）石蜡乳液的配制方法　石蜡乳液：石蜡：水＝5：（1～8）：1，配制石蜡乳液时，水温保持在 20℃ 以上。

（2）石蜡乳液的喷施

①喷施时间　果树落叶后至第二年发芽前。

②喷施方法　用背负式喷雾器或其他喷雾设备喷施，喷布时要求均匀、细致、周到，喷布量以达全树乳液欲滴为度。

③石蜡防冻剂的涂抹　用刷子蘸取该防冻剂涂抹在果树枝干上，可使果树免遭冻害和安全越冬，并可防止果树抽梢。

## 【工作任务实施记录与评价】

### 1. 生产计划落实

| 师傅指导记录 | 生产计划落实质量评价 | 评价成绩 |
|---|---|---|
|  |  |  |
|  |  | 日期 |

### 2. 劳动力、用具等使用记录

| 日期 | 劳动力用量 | 修剪工具 | 其他材料 | |
|---|---|---|---|---|
|  |  |  |  | |
|  |  |  |  | |
| 检查质量评价 |  |  | 评价成绩 | |
|  |  |  | 日期 | |

### 3. 工作质量检查记录

| 日期 | 主要任务 | 具体措施 | 完成情况 | 效果 | 备注 |
|------|---------|---------|---------|------|------|
|  |  |  |  |  |  |
|  |  |  |  |  |  |
|  |  |  |  |  |  |
|  |  |  |  |  |  |
| 检查质量评价 |  |  |  | 评价成绩 |  |
|  |  |  |  | 日期 |  |

### 4. 学徒关键职业能力及职业品质、工匠精神评价

| 项目 | A | B | C | D |
|------|---|---|---|---|
| 工作态度 |  |  |  |  |
| 吃苦耐劳 |  |  |  |  |
| 团队协作 |  |  |  |  |
| 沟通交流 |  |  |  |  |
| 学习钻研 |  |  |  |  |
| 认真负责 |  |  |  |  |
| 诚实守信 |  |  |  |  |

# 参 考 文 献

[1] 王秋萍．几种主要果树测产方法．烟台果树，2014（02）：57.

[2] 姜全．当前我国桃产业发展面临的重大问题和对策措施．中国果业信息，2017
    （1）：5-6，10.

[3] 王志强，牛良，崔国朝，等．我国桃栽培模式现状与发展建议．果农之友，2015
    （9）：3-4.

[4] 马俊，蒋锦标．果树生产技术．北京：中国农业出版社，2006.

[5] 韩振海．苹果产业现状及发展趋势讲座//第五届中国苹果产业科技发展论
    坛，2017.

[6] 邬涛，陈以，张有林，等．榆林沙地红枣水肥一体化技术要点．农业与技术，
    2015，35（19）：74-75.

[7] 刘孟军．枣产业转型期面临的挑战与对策．中国果树，2018（1）：6-9.

[8] 许明宪．干旱区果树栽培技术．北京：金盾出版社，1998.

[9] 李占林，王雨．新疆枣标准化生产实用技术问答．北京：中国农业出版社，2017.

[10] 史彦江，宋锋惠．新疆红枣高效栽培技术讲座（一）．农村科技，2007（01）：
    42-43.

[11] 史彦江，宋锋惠．新疆红枣高效栽培技术讲座（二）．农村科技，2007（02）：
    37-38.

[12] 史彦江，宋锋惠．新疆红枣高效栽培技术讲座（三）．农村科技，2007（03）：
    42-44.

[13] 史彦江，宋锋惠．新疆红枣高效栽培技术讲座（四）．农村科技，2007（04）：
    38-39.

附　录

**附录1**
## 果树生产岗位标准

### 一、试点专业名称

园艺技术专业。

### 二、学徒岗位名称

果树生产岗。

### 三、学徒岗位描述

果树生产岗负责落实公司果树生产目标、制订果树生产管理计划、组织果农培训、指导和监督果树周年生产，提供全程技术和质量保证（各时期的整形修剪、土肥水管理、保花保果、疏花疏果、病虫害防治，以及采取各种措施提高果品质量等为关键核心技术），并确保果农获得预期产量和产值。果树生产岗除具备相关专业知识和日常生产问题处理能力，还需具备在农村工作并与相关人员良好沟通能力、技术措施落实管理执行力、忍耐艰苦生产环境的吃苦耐劳精神和一丝不苟的质量管理态度。

### 四、工作场所与使用工具

企业办公场所、果树生产基地；主要使用土地旋耕机、开沟机、修枝剪、高枝剪、环剥刀、疏果剪、手锯、油锯、割草机、打药车、水肥一体机、涂白剂、果袋、黄板等。

## 五、学徒岗位课程实施、岗位职业安全与规章制度

（一）　果树生产岗需要遵守的相关法规和标准

《中华人民共和国农产品质量安全法》《中华人民共和国安全生产法》《中华人民共和国绿色食品标准》《绿色食品　产地环境质量》《绿色食品　产地环境调查、监测与评价规范》《绿色食品　产品检验规则》《绿色食品　包装通用准则》《绿色食品　肥料使用准则》《绿色食品　农药使用准则》等。

（二）　需要遵守的职业规范与规章制度

**第一条　果树生产岗学徒基本守则**

热爱行业，服务社会；尊重他人，诚实守信；遵守制度，安全生产；用心做事，追求卓越；不断进步，完善自我；团结合作，坚持原则；爱护公司财物，提倡勤俭节约；严守岗位资料机密；保持环境卫生，注意个人仪表。

**第二条　果树生产岗学徒企业实习阶段工作风纪**

（1）鼓励学徒间、员工间、员工与农户间积极沟通交流，但不能因此妨碍工作。因此，办公期间应该坚守岗位，不要随意串岗聊天。需要暂时离开时，应知会领导或师傅。

（2）办公室是公司办公场所，有公司很重要的财物和信息资料。所有来访的客人必须由邀请人陪同才可进入；接待来访、业务洽谈应在洽谈室或会议室进行。

（3）不得浪费、损坏公司公物，或将公司公物占为己有消费使用，一经发现给予警告、罚款。

（4）学徒在企业实习期间外出公务或出差必须乘坐公司指定交通工具，按规定标准住宿，并及时报班主任和实习指导教师。不得乘坐如摩托车、三轮车等非客运机动车。

**第三条　果树生产岗学徒职业安全**

**1. 业务安全**

（1）务必保管好本人持有的公司涉密文件。

（2）未经授权或批准，不得对外提供含有机密的公司文件或其他未公开的经营状况、财务数据等。

（3）对非本人职权范围内的公司机密，应做到不打听、不猜测、不传播。

（4）发现了有可能泄密的现象应立即向有关上级报告。

（5）学徒在实习期间不得将单位的任何保密资料进行转存携带。

（6）学徒在实习期间不得私自将实习单位的内部资料以任何方式透露给他人。

**2. 自身安全**

（1）学徒学生在校或在企业实习期间不论有无驾照均不允许驾驶机动车辆。

（2）上下班（课）期间严格遵守交通规则，避免发生人身意外。

（3）在工作场地带好防护用具，注意个人及他人安全。

（4）晚上 8 点后不单独外出。坚决杜绝夜不归宿，有一次夜不归宿立刻终止学徒学习阶段，并按照学院管理规定处理。

（5）学徒学生在单位实习期间做好水、电、暖安全，上班前、睡觉前检查水电，确保安全。

（6）做好防火工作，不使用大功率用电器。

**第四条　果树生产岗学徒的工作与学习制度**

**1. 工作制度**

学徒学生在企业指导教师指导下直接上岗从事公司职业岗位工作。岗位工作等同于企业员工，顶岗实习学生不得提出特殊要求。

（1）学徒学生工作期间必须服从部门管理人员、师傅工作安排，严格按照技术规范要求开展职业岗位工作。对工作中不清楚的技术问题，要勤学、勤问、勤练，掌握后再上岗操作，保证工作质量，提高技术水平。

（2）遵守劳动纪律，反复操作训练，精确操作，提高劳动效率，高效、高质量完成岗位工作。

（3）学徒学生有权拒绝与职业岗位无关的工作，并积极主动与指导教师、上级领导反映、沟通。

**2. 学习制度**

实习期间，学生采用边工作边学习的工作导向教学与学习方法，学生在已有知识技能的基础上，主要采用以下学习方法：

（1）作为学徒，在企业指导教师指导下，通过反复工作训练，掌握职业岗位操作技能。学生要多与企业指导教师交流沟通、请教业务技术，注重学习指导教师分析问题、解决处理问题的思维方式，以及工作经验、公司人际关系等方面的知识。

（2）充分利用公司业务技术培训的机会，学习业务技术。

（3）利用业余时间，自学学院提供的技术指导手册、企业技术资料。根据生产中遇到的问题，通过各种信息渠道学习相关知识、技术。

（4）在学习、训练掌握职业岗位业务技术的同时，善于调研分析岗位业务技术以及工作中存在的问题，通过研究，能够改进技术或管理程序、提高工作效率。

**3. 实习岗位安排**

学生必须服从学校实习的统一安排，个人不得擅自调换企业和岗位。如确有问题须向学校指导教师提出申请，经批准后方可调换，否则以实习成绩不及格处理。

## 六、职业道德与素质要求

吃苦耐劳，工作认真负责，时间观念强，耐心细致，科学严谨，遵守公司的规章制度，具有质量第一的职业态度和强烈的事业心。

## 七、行业企业职业行为规范

遵守企业的规章制度，时间观念强，爱护公司财产，提倡勤俭节约；严守岗位机密；保持环境卫生，注意个人仪表；爱岗敬业，依法生产；团结同事。

## 八、对应职业资格

植保工、农业技术员。

## 九、基本专业知识要求

（1）专业知识　①果树栽培知识；②植物生理学；③植物学；④植物保护知识；⑤土壤学；⑥肥料学；⑦农业机械知识；⑧气象知识。

（2）法律知识　①农业法；②农业技术推广法；③种子法；④农产品质量安全法；⑤食品安全法；⑥劳动法；⑦经济合同法等相关的法律法规。

（3）安全知识　①安全使用生产工具和农机具；②安全用电；③安全使用和保管农药、肥料、化学药品；④保护环境等相关知识。

（4）企业经营管理知识　①企业组织机构与管理流程；②企业财务管理知识；③企业文化；④企业人力资源管理与员工职业生涯规划。

## 十、岗位工作任务

| 岗位工作任务<br>（或项目） | 工作过程与技术要求 | 专业知识要求 | 技术技能 |
| --- | --- | --- | --- |
| 果树周年管理计划 | 根据公司果树生产标准及年度生产计划和目标任务分解，研究制订本部门、本片区果树生产工作计划，查看果园基本情况，与种植户进行交流沟通，检查备耕情况，准备农资。 | (1)生产计划和工作计划制订；<br>(2)果园调查；<br>(3)果树生产相关名词概念、物候期及生长特点；<br>(4)主栽果树树种、品种特点；<br>(5)果树各阶段生长特点。 | (1)与果树生产户有效沟通，签订生产合同；<br>(2)按照公司计划制订和落实生产计划和工作计划；<br>(3)进行种植户培训；<br>(4)准备农资。 |

续表

| 岗位工作任务（或项目） | 工作过程与技术要求 | 专业知识要求 | 技术技能 |
|---|---|---|---|
| 萌芽前管理 | 根据果园基本情况，按照果树树形要求进行整形修剪，为果树生长期创造良好的树体条件；检修喷药器械，进行清园，病虫害预防。 | (1)修剪方案制订；<br>(2)果树整形修剪相关概念，枝芽特性，修剪的原则和依据；<br>(3)修剪时期果树树形、修剪基本方法及修剪程序。 | (1)查看果园，与农户交流，制订整形修剪方案；<br>(2)修剪工具的正确使用；<br>(3)组织种植户进行整形修剪，指导、督促整形修剪工作，准确评价整形修剪质量；<br>(4)组织和督促种植户清理果园杂草、病枝、病果等杂物；<br>(5)检修喷药器械，进行病虫害预防。 |
| 萌芽与开花期管理 | 进行果树的春季修剪，规范树形，及时浇水、追肥，及时中耕松土，改善土壤环境，及时进行果园生草，防治病虫害，确保各项工作管理质量。 | (1)果树枝芽的生长发育；<br>(2)果树开花、授粉、受精等相关名词概念；<br>(3)果树施肥时期及方法；<br>(4)果树节水灌溉的时期及方法；<br>(5)病虫害预防的措施；<br>(6)果园生草目的、时期及方法。 | (1)组织和指导种植户进行花前复剪工作；<br>(2)按照周年生产管理计划，认真落实此期果园管理项目，督促完成果园中耕除草、平衡施肥、节水灌溉、果园生草、病虫害防治等工作；<br>(3)对果园出现的一般问题，及时进行分析和解决。 |
| 新梢生长与坐果期管理 | 做好果树新梢生长与坐果期管理及病虫害防治工作，及时保果，提高坐果率，利用疏果，稳定产量，确保果品质量。 | (1)果树的坐果机制；<br>(2)果树落花落果的原理；<br>(3)果品品质与产量的关系；<br>(4)疏花疏果知识；<br>(5)保花保果知识；<br>(6)果树新梢生长与坐果期管理的作业流程。 | (1)按照生产标准和果园实际情况，科学确定留果量；<br>(2)组织和指导种植户进行保果工作，准确评价保果质量；<br>(3)组织和指导种植户进行疏果工作，准确评价疏果质量；<br>(4)督促种植户完成此阶段其他管理工作。 |
| 果实膨大期管理 | 按照果树生产技术规程，进一步做好果品质量管理工作，根据果树生长情况，做好果实套袋，水、肥管理，防治病虫害，组织好夏季修剪工作，促进果树花芽分化，确保来年产量。 | (1)果树花芽分化概念、花芽分化相关知识；<br>(2)果品套袋的相关概念；<br>(3)果袋的类型与质量标准；<br>(4)夏季修剪的作用及方法；<br>(5)果实套袋的作业流程。 | (1)按照生产标准和果园实际情况，选择合适的果袋，指导农户进行果实套袋，准确评价套袋质量；<br>(2)组织和指导种植户进行夏季修剪工作，准确评价夏季修剪质量；<br>(3)督促种植户完成此阶段其他管理工作。 |

续表

| 岗位工作任务<br>（或项目） | 工作过程与技术要求 | 专业知识要求 | 技术技能 |
|---|---|---|---|
| 果实成熟与落叶期管理 | 按照果树生产技术规程，进一步做好果品增色工作，提高果实品质，合理控制肥水，确保果品品质，适时收获、分级、包装，保证收获质量；及时施基肥、冬灌，确保果树养分储备，为越冬打下基础。 | (1)果实着色的相关知识；<br>(2)果品贮藏知识；<br>(3)果品品质要求；<br>(4)果品采收的相关知识；<br>(5)果品采后处理相关知识。 | (1)根据果树品种特点，组织农户及时摘袋；<br>(2)按照生产标准和果园实际情况，组织和指导种植户进行秋季修、摘叶、转果等促进果品增色工作，确保果品外观品质；<br>(3)组织和指导种植户准备工具，及时分批进行采收，轻拿轻放，确保果品品质；<br>(4)组织和指导种植户进行果品的分级、包装等菜后处理工作，确保果品品质；<br>(5)督促种植户做好采后树体管理，为果树越冬打下基础。 |
| 休眠期管理 | 做好休眠期树体管理，及时清理果园，对树体进行保护，确保果树安全越冬；进行果园年度工作总结，组织农户培训，为来年工作打下基础。 | (1)果树休眠的相关概念；<br>(2)果树自然灾害相关概念，抽干、冻害、霜冻等；<br>(3)果园效益分析；<br>(4)果品贮藏知识；<br>(5)生产总结和工作总结的撰写。 | (1)根据当地气候和果园实际情况，指导种植户做好果树休眠期树体管理工作；<br>(2)根据当年生产投入、果品质量、价格及销售情况，进行果园效益分析；<br>(3)撰写生产总结和工作总结；<br>(4)制订种植户培训计划，提高种植户生产管理能力。 |
| 职业品质与工匠精神 | 爱岗敬业、亲农爱农、吃苦耐劳、认真负责、诚实守信、勇于创新、开拓进取、团结合作、遵纪守法。 | | |
| 职业生涯发展规划 | 职业资格发展：高级技术员、技师、高级技师。<br>专业技术职务发展：助理农艺师、农艺师、高级农艺师、推广研究员。<br>企业管理职务发展：公司技术员(分1、2、3级)、片区经理、生产部经理、副总经理、总经理等。 | | |

# 附录2
## 果树生产岗位学徒课程标准

## 一、试点专业名称

园艺技术。

## 二、学徒岗位课程名称

果树生产技术。

## 三、学徒岗位课程描述

学生以学徒准技术员身份，在通过认证的企业师傅培训指导下，在企业果树生产技术员岗位上完成一个果树周年管理，依次包括果树周年管理计划、萌芽前管理、萌芽与新梢生长期管理、开花坐果期管理、果实膨大期管理、果实成熟与落叶期管理、休眠期管理等学徒岗位工作任务并完成学徒培养和岗位工作学习产出。

学徒工作学习周数：18周。

## 四、课程教学目标与学习产出

（一）职业素质目标

（1）严格遵守公司各项规章制度，并严格执行；

（2）定期进行员工培训学习以及专业知识考核等；

（3）认真完成公司布置的生产任务；

（4）按时参加部门大会和小组研讨会，及时汇报生产过程出现的问题，并提出有效的解决措施；

（5）能按标准或规范，实施生产任务，做好监督管理工作；

（6）能对工人进行生产作业培训，有效地完成工作任务；

（7）能够通过咨询、查阅文献等总结出果树生产新技术，通过生产实践，提高果树生产技术。具备知识迁移能力和举一反三的学习能力。

（二） 专业知识目标

（1）遵循并执行现行的果树生产规程与技术标准；

（2）果树生产基本理论知识；

（3）熟悉常见的果树树种、品种的生物学习性；

（4）果树水肥一体化方面的知识；

（5）果树种植模式、整形、修剪方面的知识；

（6）果树安全越冬知识；

（7）病虫害防治方面的基础知识；

（8）绿色、安全生产知识；

（9）熟悉果实采收及采后商品化处理基础知识。

（三） 职业能力目标（技术技能和岗位从业能力）

（1）能够独立制订果树周年管理计划工作任务方案；

（2）与农户独立沟通落实生产任务；

（3）独立指导果树周年管理的关键技术，并开展质量检查；

（4）预计产量，执行果品质量保证体系；

（5）独立分析解决生产中出现的日常问题。

## 五、学徒岗位课程实施工作场所与使用工具

工作场所：果树实训基地，学徒制企业果园。

果树生产工具：旋耕机、开沟机、修枝剪、高枝剪、环剥刀、疏果剪、手锯、油锯、割草机、打药车、水肥一体机、涂白剂、果袋、黄板等。

## 六、学徒岗位课程实施、岗位职业安全与规章制度

同附录 1 中相关内容。

## 七、行业企业工作学习职业行为规范

（1）对待工作的规范　树立正确的工作观；要把工作当成事业去完成；个人目标与企业发展目标相结合；做得比学徒师傅期望的结果还好；创造性地工作，懂得提升工作效率；在期限内完成工作任务；工作时间全身心投入。

（2）对待学徒企业的规范　牢记公司利益；不要忘记整顿办公环境；随时随地要有节约意识；要做足一百分，尽量完成任务；要严格遵守公司制度；不要泄露公司的

机密；要学会与公司共命运、同发展。

（3）对待公司领导的规范　意识到领导和自己并非对立关系；学会体谅领导的难处；积极想办法为领导分忧；和领导风雨同舟，共克难关；欣赏和赞美自己的领导。

（4）对待师傅的规范　尊师重道；感恩师傅所教所管；积极想办法为师傅分忧；主动向师傅学习；脑勤、手勤、腿勤、嘴勤。

（5）对待自己的规范　有想要成功的意识；养成好习惯；学会调节压力；树立奋斗的目标；加强自我管理，学会自我激励。

（6）对待同事规范　学会尊重别人；学会欣赏他人；不要自视过高；重视团队利益；不要嫉贤妒能。

## 八、企业师傅、专业指导教师配置与教学要求

### 1. 企业师傅条件要求

企业对于果树生产岗的不同业务方向，每个方向配备一名企业师傅，配备的师傅条件如下：

（1）热爱园艺事业，对培养园艺行业人才有充分热情，具有良好的政治思想素质和职业道德。

（2）具备优秀的处理问题能力，善于沟通和表达，能掌握并灵活运用行业知识进行技能的传授和讲解。

（3）工作经历、技术成绩突出，善于"传、帮、带"，近三年在企业生产工作中没有违纪、违章、违规行为。

（4）取得园艺行业相关职业资格者。

（5）接受过专门的职业教育或系统的园艺技术专业职业技能培训。

（6）有制订、实施培训方案的能力，具备良好的语言表达能力和沟通交流能力。

（7）身体健康、心理健康，能坚持正常工作，男性 60 岁以下、女性 55 岁以下。

### 2. 企业师傅教学要求

（1）认真做好对学徒的日常考勤和管理，加强职业道德、劳动纪律和企业文化等教育，培养学生文明、守纪的良好习惯。

（2）负责指导学徒熟悉实习工作环境和防护设施，提高学生的自我保护能力，采取有效措施防止学生在实习中受到伤害和发生安全事故。

（3）认真做好对学徒技能训练的指导和各技术环节的示范，使学生尽快掌握实际操作技能，严格要求学生，并经常进行提问、讲解与指导。

（4）认真听取学校和实习指导教师的意见，采取措施及时解决实习指导中存在的问题，不断提高实习质量。

（5）督促学生及时填写学徒学习手册，对学生的实习小结填写评语并签名。

（6）实行学生实习信息通报制度，定期向学校、学生家长通报交流学生实习情况。

（7）配合学校和第三方评价机构，对实习学生进行岗位评价考核。

（8）认真完成企业领导交办的其他各项工作任务。

**3. 校内专业指导教师配备要求**

按照果树生产学徒岗位的知识内容结构，一类岗位学徒制学生配备该专业方向2～3名校内专任指导教师，负责知识体系构建、课程理论及部分实操的授课。到企业后，学徒班配备校外实习指导教师进行学习督导。

教学要求：课程教学教师具有双师素质，讲授课程以项目化教学为主，重视课程产出，重视项目实训，注重职业素质教育。

**4. 学徒实习指导教师教学要求**

（1）在顶岗实习管理网站上对实习学生进行日常管理。

（2）指导教师要制订指导工作计划，填写指导手册，完成书面工作总结。

（3）负责与学徒制单位联系，积极配合学徒制单位工作，及时解决学徒实习中的问题，争取学徒实习单位的支持和帮助，维护好学徒实习单位与学校的关系。

（4）指导教师要指导学生筛选、确定学徒实习单位、岗位，开展顶岗实习。

（5）指导教师要通过电话、书信、电子邮件、走访检查等形式对学徒学生进行专业技术指导、职业综合能力培养指导、就业指导。

（6）指导教师要帮助学生做好毕业论文选题工作和制订进程计划。学生选定题目后，教师要向学生介绍毕业论文题目的意义和要求，要指导学生进行调查（包括查阅资料）、研究、写作。指导教师要及时检查学生毕业论文进度和工作质量，定期与学生联系，解答学生提出的有关问题。

（7）指导教师要严格要求学生，重视培养学生独立工作的能力及分析问题、解决问题的能力和创新能力。

（8）负责了解、掌握及检查学生完成实习的情况，指导学生撰写实习总结、调查报告等；对在实习中违反纪律且情节严重的学生，指导教师要对其进行批评教育，通知班主任并及时向实习领导小组汇报。

（9）指导学生完成毕业论文，给出成绩并帮助学生做好答辩准备工作。

（10）负责学生实习成绩的评定工作。

（11）按分院要求，按时收回指导学生的学习材料。

（12）遇突发事件，第一时间掌握具体情况并处理。报告程序：通知班主任，报安全稳定领导小组和教学就业工作办公室。

# 九、可考取的职业资格证书、行业或企业证书

植保工、农业技术员。

## 十、学徒岗位课程培训与工作任务

| 学徒岗位课程培训与工作任务（或项目） | 培训与工作学习内容 | 培训与工作学习的组织形式 | 学习产出目标 | 工作学习时间（周） |
|---|---|---|---|---|
| 企业岗前培训 | 企业文化管理、企业财务管理、人力资源管理、技术业务培训、产品市场营销等。 | (1)由企业各部门主管按照新员工标准进行轮训；<br>(2)在企业师傅指导下制订学徒期间的工作计划、学习计划和专题研修计划。 | (1)了解企业管理结构、发展环境；<br>(2)了解企业对技术员的业务和行为规范要求，规划自身职业生涯发展；<br>(3)了解企业技术、产品市场、财务流程等；<br>(4)制订学徒制期间的工作计划、学习计划和专题研修计划。 | 1 |
| 果树周年管理计划 | 在师傅的带领下，根据公司果树生产标准、年度生产计划和目标任务分解，研究制订本部门、本片区果树生产工作计划，查看果园基本情况，与种植户进行交流沟通，检查落实备耕情况，准备农资。 | 在果树周年管理计划工作阶段前由企业师傅培训指导和安排本阶段的业务工作，熟悉公司种植的果树生产标准、公司生产计划和目标任务，了解岗位工作任务，在师傅指导下制订果园周年管理计划，走访种植户，了解往年生产情况，开展技术培训，并按计划准备农资。 | (1)熟知果树生产相关名词概念、物候期及生长特点；主栽果树树种、品种特点；果树各阶段生长特点；<br>(2)制订果树周年管理计划；<br>(3)准备开展培训的相关材料；<br>(4)完成农资准备相关记录。 | 1 |
| 萌芽前管理 | 根据果园基本情况，按照果树树形要求进行整形修剪，为果树生长期创造良好的树体条件；检修喷药器械，进行清园、病虫害预防。 | 在师傅的培训指导下，查看果园树体状况，制订整形修剪方案；准备并检查修剪工具，组织和指导种植户进行修剪工作，检查修剪质量；督促种植户清园；检修喷药器械，指导种植户进行病虫害预防工作。 | (1)熟知果树整形修剪相关概念(枝芽特性、修剪的原则和依据)、修剪时期、果树树形、修剪基本方法、修剪程序；<br>(2)果树修剪方案及修剪质量检查记录；<br>(3)果树整形修剪技术总结；<br>(4)检查（检修）记录单；<br>(5)农机具检查相关记录。 | 2 |

续表

| 学徒岗位课程培训与工作任务（或项目） | 培训与工作学习内容 | 培训与工作学习的组织形式 | 学习产出目标 | 工作学习时间（周） |
|---|---|---|---|---|
| 萌芽期、开花期管理 | 进行果树的春季修剪，规范树形，及时浇水、追肥，及时中耕松土，改善土壤环境，及时进行果园生草，防治病虫害，确保各项工作管理质量。 | 在师傅的培训指导下，组织和指导种植户进行花前复剪，及时督促种植户进行春季追肥，灌萌芽水，及时中耕，选择合适的作物进行果园生草，指导种植户进行病虫害的预防工作。 | (1)熟知果树枝芽生长发育、果树开花、授粉受精、果树施肥、果树灌水；果园生草作业流程与质量要求；<br>(2)果园花前复剪质量检查记录；<br>(3)果园灌水、施肥质量检查记录；<br>(4)病虫害预防质量检查记录；<br>(5)果园生草相关记录。 | 2 |
| 新梢生长与坐果期管理 | 做好果树新梢生长与坐果期管理及病虫害防治工作，及时保花保果，提高坐果率，利用疏花疏果稳定产量，确保果品质量。 | 在师傅的培训指导下，确定果树合理的负载量，选择合适的方法，组织和指导种植户及时进行保果、疏果工作，并开展各项工作质量检查。 | (1)果树坐果的机制，果树落花落果的机制，果品品质与产量的关系，疏花疏果、保花保果、果树开花坐果期管理的作业流程；<br>(2)保果质量检查记录；<br>(3)疏果质量检查记录；<br>(4)各项工作总结。 | 3 |
| 果实膨大期管理 | 按照果树生产技术规程，进一步做好果品质量管理工作，根据果树生长情况，做好果实套袋，水肥管理，防治病虫害，组织好夏季修剪工作，促进果树花芽分化，确保来年产量。 | 在师傅的培训指导下，组织种植户进行果实套袋工作，及时督促和检查套袋质量，及时组织好夏季修剪工作，减少养分消耗，促进花芽分化，并督促及时施肥、灌水，防治病虫害等工作的实施。 | (1)熟知果树花芽分化概念、套袋的概念；果袋的类型与质量标准；果实套袋的作业流程；夏季修剪的作用及方法；<br>(2)果实套袋质量检查记录；<br>(3)追肥记录；<br>(4)灌水记录；<br>(5)夏季修剪记录；<br>(6)病虫害防治记录。 | 2 |

续表

| 学徒岗位课程培训与工作任务（或项目） | 培训与工作学习内容 | 培训与工作学习的组织形式 | 学习产出目标 | 工作学习时间（周） |
|---|---|---|---|---|
| 果实成熟与落叶期管理 | 按照果树生产技术规程，进一步做好果品增色工作，提高果实品质，合理控制肥水，确保果品品质，适时收获、分级、包装，保证收获质量；及时施基肥、冬灌，确保果树养分储备，为越冬打下基础。 | 在师傅的培训指导下，制订果实增色方案，根据方案，组织和指导种植户进行果实增色工作；组织和指导种植户进行适时分批采收果品，轻拿轻放，以免损伤果品，保证采收质量；对采收后的果品，及时组织种植户进行分级、包装等采后处理工作，确保果品商品性；组织和督促种植户进行采后树体的管理，及时施基肥、灌冬水，为树体安全越冬打下基础。 | （1）熟知果实着色、果品贮藏、果品品质要求、果品采收、果品采后处理流程与质量要求；<br>（2）果实增色方案及实施记录；<br>（3）果品采收记录<br>（4）果品的采后处理记录；<br>（5）果树施基肥质量记录；<br>（6）果树冬灌记录。 | 3 |
| 休眠期管理 | 做好休眠期树体管理，及时清理果园，对树体进行保护，确保果树安全越冬；进行果园年度工作总结，组织农户培训，为来年工作打下基础。 | 在师傅的培训指导下，组织和指导种植户清理果园，减少果园内的越冬病虫害基数；做好果树防寒、防冻措施；对果园经济效益进行分析，总结一年的管理及工作；做好农闲期种植户培训计划。 | （1）果树休眠的相关概念；果树自然灾害相关概念，抽干、冻害、霜冻等；<br>（2）果园效益分析；<br>（3）果品贮藏知识；<br>（4）生产总结和工作总结的撰写。 | 2 |
| 学徒培养总结 | 企业师傅指导学徒系统总结学徒期间三项计划的完成情况，形成学徒总结。专题研修报告具有一定的技术含量。 | 总结、指导、审阅修改总结报告和研修报告。 | （1）学徒培养总结报告；<br>（2）学徒岗位工作总结报告；<br>（3）学徒培养学习成果报告；<br>（4）专题研修技术报告或论文。 | 1～2 |

## 十一、职业品质与工匠精神培养

（1）职业品质　具有良好的职业道德，具备从事农业职业活动所需要的思想和行为规范，感受企业文化，融入企业环境。诚实敬业，保守企业机密，善于观察、分析和总结。能够吃苦耐劳，有科学严谨的工作态度，责任心强，有良好的语言表达能力、沟通能力、学习能力、团结协作能力。能深入实际进行调查研究，学会与农民交往，与同行合作、交流；协调各方面关系及团队合作的能力。热爱"三农"、服务"三农"，具备在生产一线工作的适应能力。

（2）培养途径　将职业品质贯穿于教学的全过程，潜移默化。

（3）工匠精神　将工匠精神培养贯穿教育教学全过程，依托技能竞赛和第二课堂，不断培养学生专业技能和工匠精神。

## 十二、工作学习资源

职业教育园艺技术专业教学资源库：http://www.icve.com.cn/portalproject/themes/default/1lmjaowkiyznknhec-ue-g/stapage/index.html?projectId＝1lmjaowkiyz-nknhec-ue-g。

职业教育果树生产技术在线开放课程：http://i.mooc.chaoxing.com/space/index.shtml。

## 十三、学徒工作学习组织管理计划

（一）　岗位训练学徒组织管理机构

（1）企业是学员岗位训练和专业核心能力训练教学工作的主体，为了加强岗位训练和专业核心能力训练工作的管理，成立岗位训练和专业核心能力训练工作小组，工作小组根据培养目标和模块设置确定岗位训练和专业核心能力训练模块内容，负责制定岗位训练和专业核心能力训练实施计划并组织实施。

（2）学徒岗位训练和专业核心能力训练工作小组组长由企业相关分管领导担任、副组长由办公室主任和学院相关系部主任担任，成员由企业相关部门负责人、果树生产技术人员、一线指导师傅及学院相关分院教师、相关职业技能指导教师组成。领导小组办公室设在企业办公室，由办公室主任负责，并适当配备工作人员。

（3）学徒开展岗位训练和专业核心能力训练过程中应配备具有一定专业素养和技能水平的指导师傅，指导师傅的遴选由岗位训练和专业核心能力训练工作小组负责，每个指导师傅所带学员的数量控制在2～5人。

（4）为了加强学员岗位训练和专业核心能力训练工作的有效性，学院要组建一支由行业专家和相关职业工种技能培训教师组成的岗位训练和专业核心能力训练教学指导队伍，负责学员训练过程的业务指导，并会同岗位训练和专业核心能力训练工作小组及时调整岗位训练和专业核心能力训练计划。

学徒在岗位训练和专业核心能力训练期间接受企业的技术指导，由学校和企业双重管理。

（二） 岗位训练学徒管理

（1）学员应严格遵守企业的规章制度，服从管理，虚心向指导老师学习、请教，认真完成岗位职责。

（2）学员必须按规定时间完成训练，如学员中途无故擅自离开训练岗位而未完成训练者，或者在训练过程中违反安全生产操作规程并造成损失的，不能获得岗位训练和专业核心能力训练的成绩。

（三） 岗位训练学徒文档管理。

岗位训练和专业核心能力训练文件主要包括训练教学大纲、训练计划、训练教材、训练指导书、教学训练考核评分标准及各种过程记录文档和考核报告。

## 十四、学徒考核评价方案

**1. 考核内容**

选择能够全面反映学徒综合素质的果树生产项目内容作为考核评价内容：学徒在每个实践单元的工作态度、工作表现等；学徒的理论知识掌握程度和处理问题能力；学徒的项目完成效果。

**2. 考核时间**

采用分阶段考核的方法，在每一项实践内容结束后进行考核。

**3. 考核人员**

考核人员应具有权威性和代表性，多方评价，体现公平、公正的原则，包括专任教师、企业师傅、行业专家等。

**4. 考核形式**

考核形式可以灵活多样，综合运用实际操作、现场答辩、技能比赛、完成生产任务、撰写解决实际问题的方案等多种手段对职业技能和职业素养进行评价。

**5. 考核成绩评定**

考核成绩评定应考虑多方因素，确定合理的比例，如学徒工作态度、工作表现等占20%，平时成绩占20%，项目完成情况占60%。

**6. 评价等级**

考核后应分出等级，包括优秀、良好、中等、及格、不及格等，一般90分及以上为优秀，80～89分为良好，70～79分为中等，60～69分为及格，60分以下为不及格。

**7. 考核结果处理**

考核评价后对考核结果制定相关处理办法：考核不及格者，需要进行补考和重修。对于缺勤 1/3 的同学禁止参加考核，重修后方能参加考核。对于综合考评优秀的学生（学徒）给予一定的奖励。

# 十五、学徒岗位认证条件

（1）能够完成企业的交付的果树生产任务。

（2）完成校内学习任务，并考核合格。

（3）遵守企业的规章制度。

（4）在政治安全方面无问题。

（5）经企业师傅考核，成绩合格。

（6）完成学校学习阶段的学习任务，成绩合格。

# 附录3
# 果树生产岗位学徒师傅聘任标准
# 与教学指导工作规范

**果树生产岗位学徒师傅聘任标准与教学指导工作规范**

## 第一部分　学徒师傅聘任标准

为深化落实推动《教育部关于开展现代学徒制试点工作的意见》（教职成〔2014〕9号）文件精神，以园艺企业用人需求与岗位资格任职标准为目标，使园艺技术专业的现代学徒制改革顺利开展并取得实效，确保企业师资水平能够满足本专业现代学徒制教学的需要，特制定本标准。

### 一、聘任对象

园艺技术专业现代学徒制企业师傅的聘请对象主要是园艺企业中有丰富的园艺作物育苗、生产或销售工作经验，具备园艺实践成果的在职人员。

### 二、聘任条件

（1）热爱园艺事业，对培养园艺人才充满热情，具有良好的政治思想素质和高尚的职业道德。

（2）具备优秀的处理园艺作物育苗、生产或销售问题的能力，善于沟通和表达，能掌握并灵活运用行业知识进行技能的传授和讲解。

（3）工作成绩突出，善于"传、帮、带"，近三年在企业的生产、经营等工作中没有违纪、违章、违规行为。

（4）取得园艺师或农艺师及以上职业资格证书，或园艺技术专业的技师及以上技能等级证书，或具有园艺领域独特专长的能工巧匠。

（5）接受过专门的职业教育或系统的园艺职业技能培训。

（6）有制订、实施培训方案的能力，具备良好的语言表达能力和沟通交流能力。

（7）身体健康、心理健康，能坚持正常工作，男性 60 岁以下、女性 50 岁以下。

## 三、评聘程序

由园艺企业根据评选条件，结合实际情况采取笔试、技能操作等方式进行评选。

获得推选的师傅填写"园艺行业师傅申报认定表"并由单位盖章后，由单位和合作院校共同审核。

经评审通过的师傅，发放聘书，聘期为三年。聘书加盖学院和师傅所在企业公章。

# 第二部分　学徒师傅教学指导工作规范

学徒师傅承担以下职责：

（1）根据园艺技术专业岗位学徒制实施方案，认真做好培训计划，确保教学项目的有效实施。

（2）做好对学徒的日常考勤和管理，加强职业道德、劳动纪律和企业文化等教育，培养学生具备良好的职业精神。

（3）通过教学项目的实施，让学生具备安全意识，提高学生的自我保护能力，若出现安全隐患，采取有效措施防止学生在学徒期间受到伤害和发生安全事故。

（4）严格要求学生，并经常进行提问、讲解与指导，让学生学会学徒岗位所需要掌握的各项技能，达到任职要求。

（5）会同学校指导教师采取有效措施及时解决学生学徒期间存在的问题，不断提高教学质量。

（6）给学徒布置学习任务和工作任务，督促学徒及时填写学徒学习手册，对学徒学习每个教学项目的掌握情况填写评语、评价并签名。

（7）将学徒学习情况通过 QQ、微信或其他信息通道及时向学院指导教师或企业人力资源部通报，每月不少于 2 次向学校、学生家长通报交流学生学习情况。

（8）配合学院和第三方评价部门，对学生学徒进行岗位评价考核。

（9）认真完成企业领导交办的其他各项工作任务。

# 附录4
## 果树生产岗位学徒选拔与学习守则

### 果树生产岗位学徒选拔标准与学习守则

### 第一部分　企业学徒选拔标准

#### 一、学徒选拔的基本原则

坚持"公平、公正、公开"的原则，做到选拔条件与考核内容公开、选拔经过公开、选拔结果公开，选拔优秀学徒进入公司实践。

#### 二、选拔对象、条件及人数

（一）　选拔对象

新疆农业职业技术学院园艺技术专业全日制高职学生。

（二）　选拔条件

（1）思想端正，有良好的道德品质和文明的行为习惯；

（2）身体健康，无疾病、无残疾。

（3）专业课程成绩优秀，文化课程学习成绩较好；

（4）热爱园艺事业，具有合作意识和团队精神；具有较强的吃苦耐劳精神。

（5）有责任感和奉献精神，品行端正；

（6）自愿参加，入选后参加合作企业现代学徒制培训；

（7）毕业后（学成后）自愿在合作企业进行果树生产方面的工作。

（三）　选拔人数

根据合作企业的选拔学徒的人数确定。

## 三、选拔程序

个人提出书面申请—园林科技分院根据学生情况进行推荐—园艺学徒企业综合考核确定人选—由园艺学徒企业、学院、学生（未成年人由家长代理）三方共同签订学徒协议。

## 四、学徒选拔考核技术标准

（一）考核命题标准

学徒选拔考核以农业技术员国家职业标准的工作要求为基础，适当增加新知识、新技术、新设备、新技能等相关内容，以实际操作的形式进行考核。试题由学徒选拔企业组织有关专家统一命题。

（二）考核场地环境设计

采取有效措施确保工位与工位之间互不干扰；设置考评专家进入现场巡视的专门通道，以不影响考核选手进行考核为标准。

（三）考核内容及要点

**1. 考核方法**

采用现场考核实际果树生产技能操作的方法，要求考生按照果树生产岗位标准中所规定的工作要求，在规定时间内完成现场工作。

**2. 考核内容（任选 2～3 项进行考核）**

①果树修剪；②疏果；③套袋；④病虫害防治；⑤肥料选择与配置。

**3. 考核时间**

要求 4 小时内完成。

**4. 评分要求**

考核评分比重表

| 评分项目 | 分值 |
| --- | --- |
| 果树修剪 | 25 |
| 疏果（套袋） | 25 |
| 病虫害防治 | 25 |
| 肥料选择与配置 | 25 |
| 合计 | 100 |

否定项说明：若参加考核的学徒发生下列情况之一，如考试抄袭、缺考、替考，该考核成绩记为零分。

# 第二部分　学徒学生学习守则

## 一、入职培训

（1）企业在学徒学生进入职业岗位工作之前必须开展入职培训。培训地点可选在学院或企业，重点就公司、部门基本情况，企业组织机构，管理文化，从事工作任务等相关内容进行培训。

（2）企业为每位学徒学生指定一名入职引导人，进入职业岗位工作时，需指定一名企业技术专家或部门技术负责人为指导教师，指导学生工作、生活，完成职业岗位工作任务和学生学习计划。

## 二、员工纪律与行为规范

学徒学生作为企业准员工，按正式员工同等对待、管理。

**1. 公司员工基本守则**

（1）热爱公司，服务社会；

（2）尊重他人，诚实守信；

（3）用心做事，追求卓越；

（4）不断进步，完善自我；

（5）团结合作，坚持原则；

（6）爱护公司财物，提倡勤俭节约；

（7）严守公司机密；

（8）保持环境卫生，注意个人仪表。

**2. 公司考勤制度**

作为公司的员工，必须严格按公司规定的工作时间出勤。

（1）每天须按时上下班，并按规定记录考勤。

（2）因公外出或出差需由部门负责人签字认可。未请部门负责人签字的，视作旷工。旷工一天扣除当月浮动工资的10％或工资总额的1/30，以此累加。

（3）迟到（早退）10分钟以内，按事假2小时处理；迟到（早退）10分钟以上1小时以内，按事假半天理；迟到一小时以上，按事假一天处理。每月事假超过公司规定天数，按3天事假等同一天旷工处理。

（4）连续无故旷工三日，公司将解除接受该学生顶岗实习的约定，并遣返回学院，交由学院给予组织纪律处分。

（5）一般情况不得请事假，特殊情况下，可填写请假单并由部门负责人审批，审批后的请假单交人力资源部备案。事假超过 3 天的，还应经主管领导审批。事假获准后，应在离开工作岗位之前安排好工作。

（6）请病假须于上班前或不迟于上班后 30 分钟内通知本人所在部门的负责人，并于病假后上班的第一天补办正式的请假手续：填写请假单，并附区（县）级以上医院出具的病休证明。

（7）事假、病假期间，工资与奖金按当月实际出勤率计算。在一个月之内，如果事假超过 3 天或病假超过 5 天者，将不能参与当月津贴的分配。

（8）上班期间如需外出办理公务，应事先向直接上级请示。

**3. 工作风纪**

（1）公司鼓励员工间积极沟通交流，但不能因此妨碍工作。因此，办公期间应该坚守岗位，不要随意串岗聊天。需要暂时离开时，应知会同事。

（2）保持办公室的整齐、干净、卫生是每一位员工的责任。请不要在办公区域进食、吸烟、饮酒，如有发现，按公司规定给予警告、罚款处理。

（3）办公室是公司办公场所，保存有公司很重要的财物和信息资料。所有来访的客人必须由邀请人陪同才可进入；接待来访、业务洽谈应在洽谈室或会议室进行。

（4）不得浪费、损坏公司公物，或将公司公物占为己有、消费使用，一经发现给予警告、罚款。

（5）外出公务或出差必须乘坐公司指定的交通工具，并按规定标准住宿。不得乘坐如摩托车、三轮车等非客运机动车。

**4. 礼仪仪表**

从进入公司上班的第一天起，员工的一言一行就代表着公司，因此，工作时保持整洁的外表是十分重要的，应注意遵守下列要求：

（1）工作期间，应保持精神振作、彬彬有礼、高效敏捷。

（2）上班时，应注意衣着整洁、大方、得体。男职员不可留长发、蓄胡须，女职员不可浓妆艳抹。公司有统一着装要求的，按具体着装规定执行。上班期间不得穿着短裤、无袖装、超短裙、凉鞋、拖鞋等。

（3）同事间应相互尊重、互帮互爱、语言文明。

（4）对外交往应有礼有节、不卑不亢、礼貌大方、简朴务实。

**5. 保密**

每个员工都有保守公司秘密的义务。

（1）务必保管好本人持有的公司涉密文件。

（2）未经授权或批准，不得对外提供含有机密的公司文件或其他未公开的经营状况、财务数据等。

（3）对非本人职权范围内的公司机密，应做到不打听、不猜测、不传播。

（4）发现了有可能泄密的现象应立即向有关上级报告。

## 三、企业学徒学生的工作与学习制度

### 1. 学徒工作制度

企业学徒学生在企业指导教师指导下直接上岗从事公司职业岗位工作。岗位工作等同于企业员工，岗位实习学徒不得提出特殊要求。

（1）企业学徒学生工作期间必须服从部门管理人员、师傅工作安排，严格按照技术规范要求开展职业岗位工作。对工作中不清楚的技术问题，要勤学、勤问、勤练，掌握后再上岗操作，保证工作质量，提高技术水平。

（2）遵守劳动纪律，反复操作训练，精确操作，提高劳动效率，高效高质量地完成岗位工作。

（3）企业学徒学生有权拒绝与职业岗位无关的工作，并积极主动与指导教师、上级领导反映、沟通。

### 2. 学徒学习制度

实习期间，学生采用边工作边学习的工作导向教学与学习方法，学生在已有知识技能的基础上，主要采用以下学习方法：

（1）作为学徒，在企业指导教师指导下，通过反复工作训练，掌握职业岗位操作技能。学生要多与企业指导教师交流沟通、请教业务技术，注重学习指导教师分析问题、解决处理问题的思维方式，以及工作经验、公司人际关系等方面的知识。

（2）充分利用公司业务技术培训的机会学习业务技术。

（3）利用业余时间，自学学院提供的技术指导手册、企业技术资料。根据生产中遇到的问题，通过各种信息渠道学习相关知识、技术。

（4）在学习、训练掌握职业岗位业务技术的同时，善于调研分析岗位业务技术，以及工作中存在的问题，通过研究，能够改进技术或管理程序、提高工作效率。

### 3. 实习岗位安排

学生必须服从学校实习的统一安排，个人不得擅自调换企业和岗位。如确有问题须向学校指导教师提出申请，经批准后方可调换，否则以实习成绩不及格处理。

## 四、实习安全

### 1. 公司安全教育

公司对岗位实习学徒上岗前进行一次安全教育。

### 2. 意外人身伤害保险

公司为岗位实习学徒购买一份意外人身伤害保险。

### 3. 安全检查

公司在顶岗实习前、中、后期进行三次安全检查，重点就生活场所安全、工作场所安全，交通安全、饮食安全、学生日常行为安全等方面进行全面检查，并开展不定期抽查。

### 4. 处罚

（1）公司对不注重岗位实习学徒安全的部门限期责令整改，并处相应经济处罚。

（2）公司对不听劝阻、严重违反有关安全操作规定的岗位实习学徒，将其送返学院处理。